文化服饰大全
服饰造型讲座 ❶（修订版）

服饰造型基础

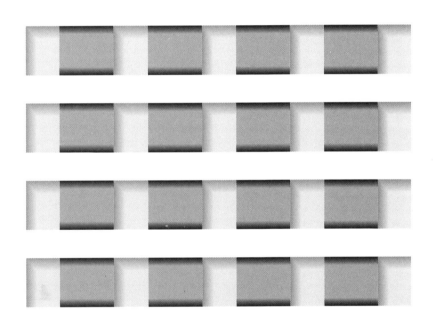

[日] 文化服装学院编

宋婧　姚晓凤　译

东华大学 出版社·上海

文化フアッシヨン大系改訂版・服飾造形講座①服飾造形の基礎

本书由日本文化服装学院授权出版

版权登记号：图字09-2021-0345号

BUNKA FASHION TAIKEI KAITEIBAN·FUKUSHOKU ZOKEI KOZA 1: FUKUSHOKU ZOKEI NO KISO

edited by EDUCATIONAL FOUNDATION BUNKA GAKUEN BUNKA FASHION COLLEGE

图书在版编目（CIP）数据

服饰造型讲座：修订版.①，服装造型基础 / 日本
文化服装学院编；宋婧，姚晓凤译. —上海：东华大
学出版社，2023.6

（文化服饰大全）

ISBN 978-7-5669-2214-4

Ⅰ.①服…　Ⅱ.①日…　②宋…　③姚…　Ⅲ.①服装—
造型设计　Ⅳ.①TS941.2

中国国家版本馆CIP数据核字（2023）第098631号

责任编辑：洪正琳
版式设计：上海三联读者服务合作公司
封面设计：Ivy哈哈

文化服饰大全
服饰造型讲座①（修订版）

服饰造型基础
FUSHI ZAOXING JICHU

主　　编　［日］文化服装学院
译　　者　宋　婧　姚晓凤
出　　版　东华大学出版社（上海市延安西路1882号，邮政编码：200051）
本社网址　http://dhupress.dhu.edu.cn
本社邮箱　dhupress@dhu.edu.cn
发行电话　021-62193056　62379558
印　　刷　上海盛通时代印刷有限公司
开　　本　890mm×1240mm　1/16
印　　张　10.5
字　　数　336千字
版　　次　2023年6月第1版
印　　次　2023年6月第1次印刷
书　　号　ISBN 978-7-5669-2214-4
定　　价　58.00元

序

　　文化服装学院至今为止已推出了《文化服装讲座》以及在前书基础上改版的《文化服饰讲座》教科书。

　　从 1980 年开始，为了培养服装产业的专职人员，有必要对各领域的教学课程进行专业细分，文化服装学院正是意识到了这一重要性，所以以编写了"文化服饰大全"。

　　它可分为以下四套教程：

　　《服饰造型讲座》：教授广义的服饰类专业知识及技术，培养最广泛领域的服装专业人才的讲座。

　　《服装生产讲座》：对应于培养服装生产产业的专业人员，包括纺织品设计人员、销售人员、服装设计师、服装打板师及生产管理专业人员的讲座。

　　《服饰流通讲座》是服饰流通领域中的专业教材，主要针对造型师、买手、导购员、服装陈列师等，也被称为培养服饰营销类专业人才的讲座。

　　以上三套教程是相互关联的基础教程。这些基础教程同色彩、时装画、服装史、服装材料等《服装相关专业讲座》组成了四套主要的教程。

　　《服饰造型讲座（修订版）》是学习与服装相关的综合知识及制作工艺技术的教程，能启发学习者创造力和培养其对美的感受。

　　学习者首先应学习服装造型的基础知识，并理解各种基本服饰的造型，然后再学习服饰的全部知识及其应用。

　　进一步说，如果想要更深层地进入服装产业，需要有相当高的专业知识及技术能力。

　　"制作就是创造商品"。如果想要学习技术，就请仔细研究与阅读此讲座教程。

大沼　淳

文化服装学院院长

目录

第1章　服装造型概论 ⋯⋯⋯⋯⋯⋯ 9

第2章　服装制作工具 ⋯⋯⋯⋯⋯ 32

第3章　服装制作的人体测量 44

第4章 样板制作基础 ·············· **72**

第5章 服装面料和辅料 ·············· **115**

第6章 裁剪·缝制的基础 130

前　言

时尚产业关系到人们生活的方方面面。其中，与服装相关的领域很广，对于从事相关工作的人来说，掌握服装的专业知识必不可少。

近年来，随着生活方式的改变，日本人的体格有所改善，尤其是年轻女性体型发生了重大变化。准确地把握这些变化对服装制作非常重要。

已出版的文化服饰大全系列书籍，采用文化服装学院独特的"服装制作测量项目"形式，一方面对学生进行人体测量，另一方面，通过原型试穿实验，对年轻女性的原型和标准尺寸进行了修订。

本书的作图方法主要适合上述年龄段，并进行了拓展。

《服饰造型讲座》修订版共 5 册，包括《服饰造型基础》和服装品类分册《裙子·裤子》《女衬衫连衣裙》《套装·背心》和《大衣·披风》。

《服饰造型基础》主要包括服装制作的基础知识和工艺，具体有服饰历史、分类、名称、着装、设计和面料等知识，另外还介绍了实际制板所需了解的人体构造、测量方法、原型理论和绘图方法，以及体型和原型间的兼容性，缝纫工具和基础手法，并配有图片进行详细说明，对初学者非常友好。只有正确地掌握基础知识和技术，我们才能制作出美观舒适的服装。

衷心希望所有学习服装制作并以成为专业人士为目标的读者能够从这本书中学到专业的知识与技术，借此提高自己的专业能力。

第1章　服装造型概论

一、服装的造型

1. 关于服装

从人类开始用衣服来裹体的远古时代至今，服装的变迁已有悠久的历史。在适应地球上众多民族、各个地域的气候、风土人情、生活方式等方面，作为民族服装及人生每个阶段的装束，服装围绕其时代背景发生着变迁，直至今天。

现代人类所穿的服装，是经历各个时代社会的变迁，逐渐演变而来的。服装款式设计、服装制作和着装系列知识的学习是紧密相联的。

虽然在当今世界几乎所有的地区中，西服已作为人们日常着装，但日本人穿西装的历史与西洋相比要短。西服技术普及在20世纪初，"二战"后（1945年）日本开始步入复兴的时代，多数女性开始穿西服。当时女性所穿西服既有专业裁缝做的，也有自己仿西式裁剪制作的，各种情况普遍存在。

后来，日本从服装成衣产业先进的美国引进了合理的大批量生产系统工程，服装产业得到了飞速的发展，从手工制作向成衣化转变，日本设计师也开始活跃在世界时尚界。到了大生产、大消费的时代，洋装变成了人人都能买得起的服装，之后不久便到了由量向质转变的时代。人们开始根据生活方式来选择适合自己的衣物，这迫使服装产业界注重消费者的意识，而此时服装生产系统工程未发生很大变化。

所谓符合消费需求的服装，必须是穿着舒适、合体美观的服装。

无论时代发生怎样的变化，人类都要穿着服装，制作合体服装的宗旨不会变，因此我们必须学习正确的服装制作基础方法，并广泛用于实践，提高自己实际操作的能力。

2. 服饰造型

服饰是服装和附属于服装的装饰品的统称，本书主要讲述服装的造型。

服装制作是指将平面状态的面料衣片组合成立体的适合人体穿着的服装的过程。

日常生活中所有的人都要穿服装，但每个人都希望服装穿着方便舒适，不仅带来自身的满足感，与生活环境相适应，也希望获取他人的好感。因此为满足这些条件而制造服装，需要从业人员掌握广泛的知识和技能，同时还要提升视觉感观上的设计水平。

为此，首先要有广泛的知识面，且须有独到的见解。多接触艺术、美术的精品，丰富想象、思维能力，训练出一双能够探索生活、发现美学价值的眼睛，并运用于现实生活中，在服装领域内有所作为，争取有更多的超越时代的作品。

另外，服装制作最重要的是能够反映时代性，并随着时代流行而变迁。人类生活中新事物层出不穷，从业人员须对最早感悟的事物产生新的创意，给人们的精神世界带来活力，但是其新的发展必须是不偏离主流，为众人所共识的。在人类物质条件丰富、国际交流频繁的现代信息社会，从业人员必须融于世界时代潮流的服装制作中去，发挥观察、创新的能力，承前继后，感悟当今服装设计才是这个时代最具魅力的灵感。

由于服装是穿在人体上的感性表现形式，所以服装制作必须首先了解人体体型的特征，以及动作状态。女性的身体是较复杂的立体形态，用平面的布料制成衣服轮廓，要将人体的曲线清楚地表现出来，必须在凸凹差很大的部位加入结构线再分成多个面，或是加入褶裥、省道，这样才能形成适合人体的轮廓线，同时也形成了各不相同的款式和造型。相反，浮于身体的线条构成的将是不贴合立体形态的轮廓线。由此看来，必须了解躯体各部位的知识。

另外，在将样品制作成实际的成衣时，面料的选择具有很大的影响。所谓面料是指面料纹理（面料表面感觉），以及面料的性质（因面料的纱线种类和织法不同而产生的松紧度）。面料选择要根据服装的款式、形态，最大限度地有效利用面料的特性。要从成衣的角度来考虑面料方面的知识，同时考虑实际穿着时的舒适感以及款式风格。

通过这些基础知识的学习，我们能够平衡美的要素和机能的要素，并使其在服装造型上恰到好处地展现。美观和简洁都是服装成品的重要准则，将哪一点定为重点必须以使用目的来决定。

任何事物都应以学习理论作为基础，然后应用于实践，只有反复训练，才能完成简洁、舒适且美观得体的服装。

近年来服装产业界很注重技术革新，许多电脑技术被引入这个行业，已形成了竞争激烈的局面。但是服装设计的基本是领悟新的创意和美感，以穿着简便为宗旨，没有这些要素便不可能产生杰出的作品。无论时代如何变化，美感与技术本身都具有创造力，且能不断地适应时代而产生新的优秀作品。

机械是能动形式的作业，即使机械再发达，也不能忽视人的伟大创造力。未来的时代，更需要集感性与技术于一身的人才。

3. 服装的变迁

本部分将对人类从用布裹体的古代（"美索不达米亚"时代）到现代（1930年）的男女服装款式的特征做简单的介绍。

古代（美索不达米亚）

苏美尔人的装束

呈裙子状的腰衣模仿了羊的毛皮，绒毛呈下垂状，编织而成。

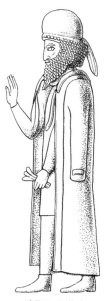

波斯人的装束

波斯时代的男性服装，带有袖子的外套和裤子，是寒带地区的民族着装。

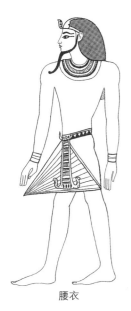

腰衣

长袍

裙装

男子的服装是缠绕下半身的腰衣，其面料采用符合埃及风土气候的麻布。

女子的衣服呈圆筒形（紧身形式），用宽幅的带子从肩部悬吊穿着。

该礼服采用透明的薄质麻布，整体具有垂荡感。

古代（爱琴）

古代（希腊）

柯来达岛的女装

多里厄式贴身服

依奥尼亚式贴身服

柯来达岛的女装由无纽扣短上衣和许多布片重叠而成的裙子组成，面料采用麻和羊皮等。

用整片的毛织物对折叠成，双肩分别用一个别针固定穿着。

将两片麻布在侧身部缝合且肩部合并，手臂部用别针别成小间隙，再用带子固定成褶。

古代（希腊）	古代（罗马）

披挂式

紧身外加披挂

宽松外袍

用长方形的布任意裹体穿着是着装形式之一，裹卷的方式无规律。

紧身式筒状衬裙加披挂的长方形披纱。

在紧身衣外加穿宽松外袍（弧形或者半圆形的大片布的男子服装）。

中世纪（东罗马帝国时代）	中世纪（罗马式）

宽松连衣裙

宽松外袍

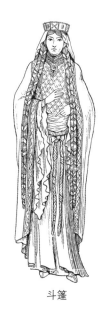

斗篷

呈宽松式连衣裙形式，在十字形的大片布中央开一个洞，套头穿，袖下缝合，并加布条修饰。

用方形的大斗篷由左肩覆盖至右肩，用金属扣固定，强调装饰性，为高等身份人的特定着装。

衬衣上加金银丝饰边（紧身式外衣），外面披上圆形或长方形的斗篷。

尖顶帽和连袜紧身裤

外衣裙袍装

裙装

男子穿男式收腰式外衣和连袜紧身裤，戴尖顶帽，穿长尖头鞋。

圆锥形帽子的外框上覆盖美丽的薄纱。盖上薄面纱的帽、裙装曾在法国流行。

如长袍样式的垂荡形式，装上高领、袖和下摆，剪成锯齿状的袖子卷到肘关节部位。

近代（文艺复兴时代）

拉夫领和紧身衣裤袜

西班牙莫德裙装

男子服装的肩、袖、腰等部位加入填充物使其膨大起来的款式很流行。下身穿紧身短裤和连裤袜。这样的款式是文艺复兴时代的特征。

上装加上拉夫褶的领成为流行。上半身采用紧身胸衣将上身裹细，为使下半身的裙子膨开而采用裙撑或衬裙。

荷兰巴洛克裙裤装

上身穿短上衣，下半身穿裙裤装，附上披风，腰部和侧缝处饰有蝴蝶结，膝盖部位装饰有灯罩形的袜子固定扣。

镶花边外套（法国宫廷装）

为近代男子服装的原型，由镶花边的外套、背心、裙裤三件套组成。镶花边的外衣是紧身款式，口袋和大袖克夫是其特征，领部配有长方形的布作点缀，这便是领带的起源。

法国女装

女子的服装上半身用胸衣束腰，下半身为多层裙子，体现穿着者的丰满，并配以蕾丝花边、刺绣，以示高贵优雅。

弗兰塞斯装束

紧身的款式增添了些许优雅，作为一种新的款式，弗兰塞斯装束采用真丝织物并加上了优美的刺绣。

黑色男式装

从英国引进的男装（即现在的燕尾服加上短背心），形成了紧身组合穿着方式。

长裙弗兰塞斯装

豪华的宫廷社交着装。首先要用紧身衣将腰束得极细，以体现女子礼服的优雅。后领围、双肩到下摆都缝制了美丽的褶裥，为法国宫廷服。

无袖裙

希腊、罗马风格的复古圆筒形裙子，是款式简洁的女装。采用轻薄的细纱织物制成。

燕尾服

男性服装，由燕尾服、背心、内衣和长裤组成。

高腰裙

胸衣宽松，腰部收紧，充分展示女性的形体美，高腰分割，裙摆稍宽大。大多采用真丝面料。

近代（1820—1860 年代）

浪漫款式

女子裙装，在腰部收细，裙子用衬裙支撑，裙身膨起，并以花边、蝴蝶结、人造花、褶裥装饰。

上衣、长裤、背心三件套

从英国流行的男士服装，由上衣、长裤和背心三件套组成，面料采用呢绒，领面采用丝绒，背心采用真丝或呢绒。

克里诺林式裙装

采用硬衬布的衬裙来形成裙子轮廓，为高级时装创始人沃斯的作品。

西装和长裤（贵族的）

西装和长裤（实用的）

男子服装出现两种倾向，宫廷贵族套装和普通实用的面向工人阶层的套装。

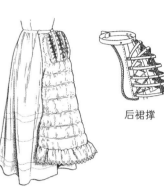
带后裙撑裙子　　后裙撑　　后裙撑

后裙撑是使裙子撑开、膨大的用具，是为夸张后腰线而采用可使后腰上扬的腰垫，起修饰作用，后裙膨胀突出。袖子大多紧身，袖口装有花边，领子为立领，也配西装型的上衣。

套装

取消多余的装饰，采用实用的面料制作的简便服装开始流行。由上衣、衬衫、裙子组成的套装被许多女性穿着。

S 形裙装

用紧身衣来束腰，裙子自然地贴附腰线并向裙摆渐渐扩大，使人体曲线呈 S 形。

自行车旅行装

东方风格服装

男性化款式

越来越多的女性参加体育运动项目，开始出现各类适合体育运动的服装，如骑马、网球、板球、高尔夫、自行车等运动所需的服装。

东方风格服装形成，其形式活泼，废弃了紧身衣。

廓形为男性化直线型，腰线较低并配有装饰。裙长较短，搭配长筒袜、皮鞋，整体时尚引人注目。

诺福克上衣和灯笼裤

细长轮廓线裙装

军装风套装

男子西服套装是上身宽松而下身裤子紧身的款式，面料选用粗花呢，颜色有咖啡、灰色、藏青色。诺福克上衣和短至小腿的灯笼裤的组合是体育运动和日常的着装。

在经济不景气时期流行无袖、无领的长裙，腰线回到自然位置，修长的轮廓线条再次体现了成熟女性化的形象。

在有垫肩的军服款式套装中，裙子设计更短，它作为实用性强的功能服装，被广大女性穿着。

二、服装的分类

1. 品种与分类

学习服装就必须了解服装的种类、名称、用途及与服装相搭配的饰物、辅料种类和整体修饰搭配的知识（详见第 164 页中的内容）。

下面介绍了一些具有代表性的品种形态。

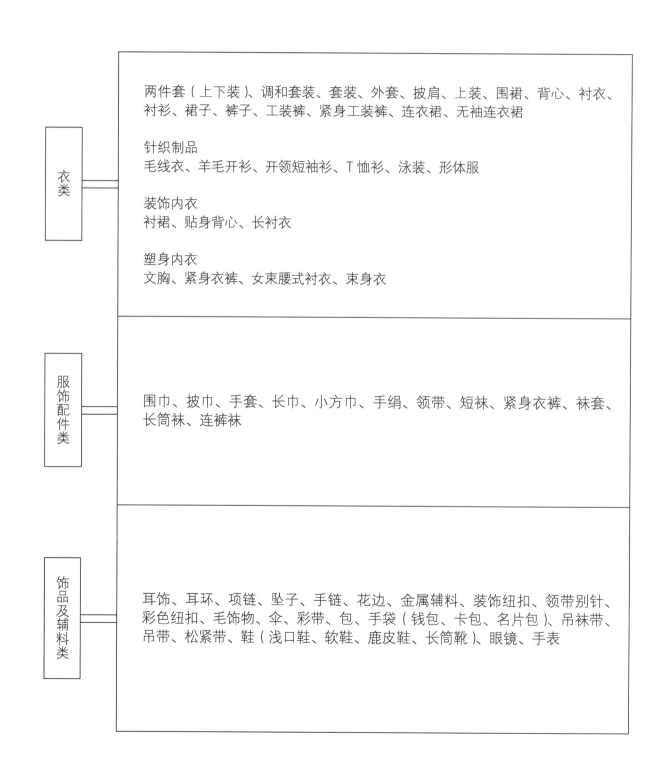

衣类

两件套（上下装）、调和套装、套装、外套、披肩、上装、围裙、背心、衬衣、衬衫、裙子、裤子、工装裤、紧身工装裤、连衣裙、无袖连衣裙

针织制品
毛线衣、羊毛开衫、开领短袖衫、T 恤衫、泳装、形体服

装饰内衣
衬裙、贴身背心、长衬衣

塑身内衣
文胸、紧身衣裤、女束腰式衬衣、束身衣

服饰配件类

围巾、披巾、手套、长巾、小方巾、手绢、领带、短袜、紧身衣裤、袜套、长筒袜、连裤袜

饰品及辅料类

耳饰、耳环、项链、坠子、手链、花边、金属辅料、装饰纽扣、领带别针、彩色纽扣、毛饰物、伞、彩带、包、手袋（钱包、卡包、名片包）、吊袜带、吊带、松紧带、鞋（浅口鞋、软鞋、鹿皮鞋、长筒靴）、眼镜、手表

上身合体、下身波浪
裙式连衣裙

合体连衣裙

和服袖型连衣裙

高腰分割连衣裙

低腰分割连衣裙

吊带裙

旗袍

腰部分割型连衣裙

衬衫型连衣裙

连衣裙

上衣 + 衬衣 + 裙裤的套装

上衣 + 背心 + 裤子的套装

连衣裙 + 上衣的两件套

两件套

套装

连衣裤

细腰狭裙套装

开襟套装

单排扣平驳领西服套装

双排扣戗驳领西服套装

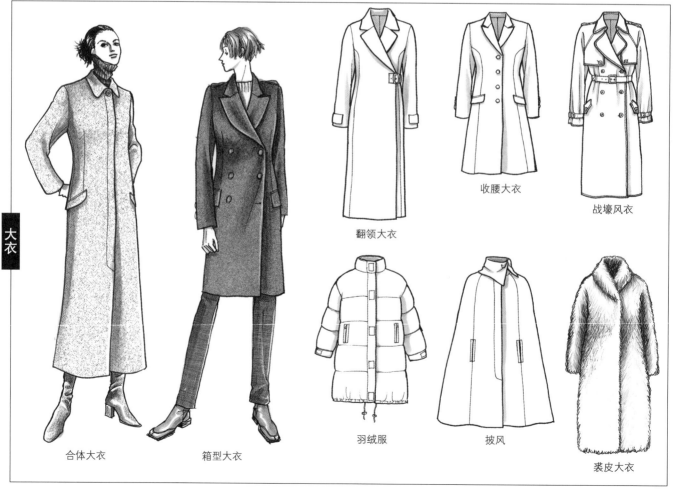

大衣

翻领大衣

收腰大衣

战壕风衣

羽绒服

披风

裘皮大衣

合体大衣

箱型大衣

便装西服　　　　运动夹克　　　　战术夹克

羽绒夹克　　　　　　　　　　　狩猎外套

派克服

平驳领外套（单排扣）　　　馊驳领外套（双排扣）

亨利衬衫　　　　男士衬衫

泡泡袖衬衫

巴尔干式衬衫　　　夹克式女衬衫　　　宽松型女衬衫

圆摆式衬衫　　　军装式衬衫　　　开领式衬衫

男衬衫型女衬衫　　　　　女用贴身背心

裙子

碎褶裙

波浪裙

裹身裙

裙裤

拼片裙

育克裙

暗裥裙

单向褶裥裙

紧身裙

无袖连衣裙

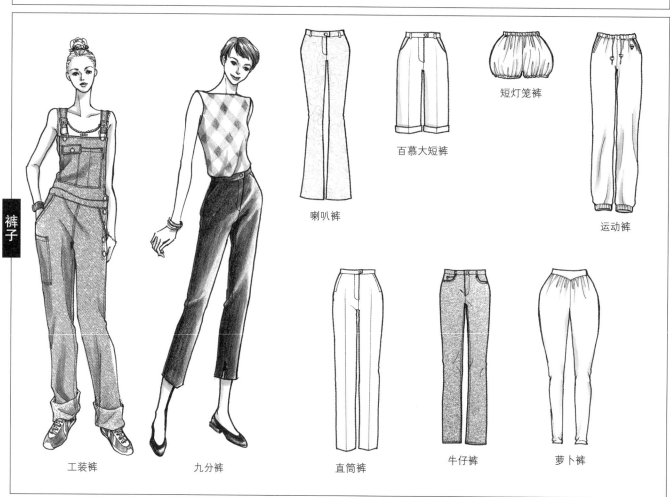

裤子

喇叭裤

百慕大短裤

短灯笼裤

运动裤

工装裤

九分裤

直筒裤

牛仔裤

萝卜裤

2. 根据穿着用途分类

衣服的作用除其穿着性外，还与个人审美以及着装者的社会地位和个人爱好有着密切的联系。日常生活中的各种场合，要求人们的穿着要适应其场所的礼仪需要，从而更突出表现自我。

总之，个人的生活方式因年龄、职业、居住地域不同以及社会地位的高低而不同。虽说没有一定的社会场合分类，但一般还是按如下所述分门别类的。

用 途	服装种类	特 征
职业装 用于职员、学生外出和日常生活穿着的服装，兼具功能性和流行性	城市服装	穿着轻松舒适，适合城市日常穿着
	学生服	适合学生的通勤装，款式年轻简单，具有学生个人特色
	商业服装	工作时的通勤装，适用于各种职业场合
	制服	属专用制服，是根据不同的职业需求定款制作的，注重本职业所需的功能性，服务业则更注重装饰性
休闲装 是休闲娱乐时所穿的服装，大多适合外出穿着，所以选择适应环境的服装款式、功能和面料很重要	旅行装	旅行时穿着的服装，选用便于收纳、能适应旅行目的地气候的组合服装（裤套装、背心套装、衬衫和宽松套装）
	徒步装	步行时穿着，轻便、活动自如，能适应气候的变化、调节温度的服装（裤子、裙裤、短裤等及与其相配的衬衫、毛衣、外套、背心等组合）
	自行车装	骑自行车时穿着的服装，膝盖部要能活动自如，轻便且阻力小的款式（如T恤、套头衫、背心、学生装、裙裤、七分裤、防风防水衣的组合）
	海滨服	在海边散步时穿着的衣服，如太阳裙、短裤、露脐装等，大胆地露出皮肤的款式，其面料花色适合于夏天
	钓鱼服	钓鱼专用服，采用较结实的防水面料，注重其功能的实用性，代表性款式是带有许多口袋的钓鱼背心
运动装 主要包括运动专用服装、体育休闲服装等。 竞技体育专用的服装可分成适应各种项目的专用服装	网球服	一般采用白色衬衫和苏格兰条格呢（或者短裤、短裙）搭配组合，并以协调的颜色、线条、刺绣作为装饰
	滑雪服	能够适应滑雪这种激烈的运动，采用柔软、透气、防水、防寒而且具有较强弹性的面料，一般款式有运动裤、毛衫、带有兜帽的防寒用帽衣以及包袋
	高尔夫服	一般是运动衬衫配以裤子、裙子、短裤的装束，也能穿毛衣、宽松夹克衫等
	游泳服	游泳服是为了游泳而设计的服装，分为竞技体育和海边休闲嬉水两种。竞技用的是上下身整体的套装，而时尚流行的海边休闲泳装则款式多样。面料大多采用富有弹性的化纤面料
	骑马服	骑马专用装由休闲西装、衬衫、马裤搭配组合。上衣采用西装领，衣长很长，衣后背开衩至下摆，裤子腰部宽松，膝盖以下配以长筒靴

用　途	服装种类	特　征
家居服 私人生活空间的服装与日常着装（上班、外出）有所不同，无拘束的自由、舒适的乐趣	普通便装	在家中休闲时穿着的服装，取决于个人的生活方式，舒适简便
	家庭便装	在家庭中做事或接待客人穿的服装，便于行动，保养简单，是集款式和功能于一体的服装
	睡衣	是睡前、睡时或沐浴后穿着的服装。宽松、手感良好、耐洗涤，有长睡衣、两件套的上下装以及浴衣
礼仪、社交服 这种服装必须以白天与夜间来区分，礼服最重要的是其穿着的时间、地点、穿着目的，以致于不会因穿着不当而失礼	礼仪服	作为特殊的仪式或者在婚礼、葬礼时穿着的服装。礼服所用的面料以真丝为主，颜色单一、无花纹。另外，色调以高雅的深色为美。祝酒仪式上大多采用华丽的颜色
	社交服	在社交宴会上穿着的服装。时间越晚越华丽，大多采用有光泽、灿烂华丽的面料，并配以宝石等装饰品
	交际服	属于拜访上司、参加音乐会、观看剧目时的着装，不是日常生活服装（连衣裙、套装、两件套等并配上装饰品）
防雨服 适合上班、作业旅行、徒步远行时穿着	雨衣	属雨天用服装，挡雨用。 面料大多采用透气、防水面料（尼龙、橡胶）。雨衣的款式大多是长外衣式、斗篷式或裤子配上衣并配长筒靴来组合的
其他 特定人群服装	孕妇服	妊娠时穿着的服装，适应于体型变化，可调节尺寸，款式大多穿脱方便。采用轻软面料，力求冬暖夏凉
	残疾人服	为适应身体某部位功能障碍的人所设计的服装
	特殊防护服	为适应防火、防虫、防水、防辐射等特殊防护要求的服装
	特殊环境服	能够适合于潜水、极地、宇宙空间的服装
	舞台服	表演剧目、舞蹈及其他节目的舞台衣服

3. 正式礼服的分类

正式礼服包括礼服和社交服两种，是作为出席仪式、典礼等场合的服装。出席类似这些场合时穿着的服装要注重礼仪，必须根据场合的性质、会场规格、时间、社会影响、出席者职业和社会地位等因素来考虑着装。

礼服、社交服的着装方法，原先是继承欧洲的王公贵族社交礼仪，虽保留陈规，但也随着时代的变化被简化了。总而言之，只有在了解各种仪式、典礼的主题内容的基础上，才能适应其场合，从而营造出与出席人士交流、协调的气氛，这是作为从事社会活动的人士必不可少的素质。另外，也必须掌握在某个场合男女宾客同席时男子着装的要领。

仪式、典礼等场合着装基准如下：

日、晨礼服着装基准

款式与会议形式、内容		女　性		男　性	
		正式礼服	准礼服	正式礼服	准礼服
		日间长礼服 日间社交礼服	午后简式礼服 日间礼服（套装）	晨礼服	黑色西服套装 黑色礼服
款式		丝绸或者有真丝质感的面料制作而成，款式一般为露出肌肤的连衣裙，袖为长袖或者七分袖，采用珍珠、宝石等装饰	采用优质毛料、化纤面料，具有时尚性，兼于外出和办公室用装及礼服穿着，多为改良后的连衣裙、套装。配以金银制配饰	上衣领子为驳领，正式款式，外套和背心采用同质面料且为黑色，裤子采用条纹礼服呢，裤脚单边翻折。背心限于庆典场合穿，颜色有白色、灰色、乳白色，有单排、双排扣款式	上衣为宽背型的单排、双排扣，领型多为驳领。裤子是同质面料或者条纹面料，裤脚单边翻折。背心也用同质面料，使用灰色或者格子等花纹
婚礼		主办方、司仪、亲属、来宾	亲属、来宾	司仪、亲属	亲属、来宾
正餐会（欢迎会）		主办人	承办人	主办人	承办人
派对	花园聚会	主办人	承办人	主办人	承办人
	冷餐会	主办人	承办人	主办人	承办人
	茶话会	—	承办人	—	承办人
颁奖仪式		本人	参加者	本人	参加者
纪念仪式		主角	承办人	主角	承办人
入职仪式及其他		—	本人	—	本人
成人礼		—	本人	—	—
学校仪式	入学、毕业及其他	主角	参加者	主角	参加者
其他场合		—	礼仪的场合	—	礼仪的场合

晚礼服着装基准

款式与会议形式、内容	女　性		男　性	
	正式礼服	准礼服	正式礼服	准礼服
	晚礼服	简式晚礼服	小夜礼服燕尾服	小夜礼服 中夜礼服
款式	采用高级面料，低胸、露背、无袖、大裙摆或拖地裙，并配以宝石，根据场合选择珠宝等级	较晚礼服稍含蓄些，无领，无袖，或仅仅盖住肩部，比正式礼服低调的配饰	小夜礼服的搭配采用白与黑，领片上有丝绸面料，领子分为青果领和西服领。小夜礼服领结为黑色，而燕尾服则使用黑白领结	小夜礼服和正式礼服相同，以黑、白二色区分正式的小夜礼服和中夜礼服，即使上下装不配套也无关紧要，随个人喜好而定
婚礼	主办方 司仪、亲属、来宾	主办方 司仪、亲属、来宾	主办方 司仪、亲属、来宾	主办方 司仪、亲属、来宾
晚餐会	主办方	主办方	主办方	主办方
冷餐会	主办方	来宾	主办方	来宾
其他接待场合	接待者	来宾	接待者	来宾

丧礼着装基准

款式和参加者立场	女性		男性	
	正式礼服	准礼服	正式礼服	准礼服
款式	光泽较暗的丝绸、上等羊毛质地的纯黑色不透明面料制作的比较正式的连衣裙。同款面料制作的套装也可以。长袖、长衣，不能露出皮肤。 长筒袜（黑色） 手套（不透的黑色） 帽子（可用黑纱覆盖） 包（无光泽小包） 鞋（无光泽黑色平底鞋） 配饰（不发光的黑色宝石）	黑色、藏青色、灰色、紫色等深色羊毛、化纤面料的连衣裙、套装、两件套等。不能露出皮肤。 长筒袜（黑色、肤色） 包（朴素小包） 鞋（黑色或相近色） 配饰（不发光的黑色宝石）	黑色的高级羊毛晨服大衣。 马甲和上衣使用相同面料制作。裤子使用朴素的条纹面料。 口袋手绢（黑色） 帽子（高顶黑色礼帽） 领带（无花纹或提花黑色暗纹） 鞋（黑色系带短靴）	深色套装 三件套西服 领带和鞋子跟正式礼服要求相同
参加者立场	正式的葬礼 丧主、亲族、近亲者 领导葬礼 三周年忌的法事	一般的葬礼 亲密的立场 灵前守夜 不到三周年的法事	同女性场合	同女性场合

日、晨礼服

正式礼服（结婚式）　　　　　　准礼服

正式礼服

准礼服

晚礼服

正式礼服　　　　　　准礼服

正式礼服

准礼服

三、服装制作流程

在服装产业中有以特定个人为对象的度身定制和以大多数群体为对象的批量制作两种做法。

度身定制注重个人的生活方式，必须充分满足客户需求。

批量制作则须根据消费者的流行需求来计划生产服装，从计划、设计到后整理，生产出经济效益好的服装。

下面依次说明这两种方法。

1. 度身定制服装制作流程

度身定制服装须优先考虑穿着者的目的、喜好，满足其价值观。

制作流程如下：

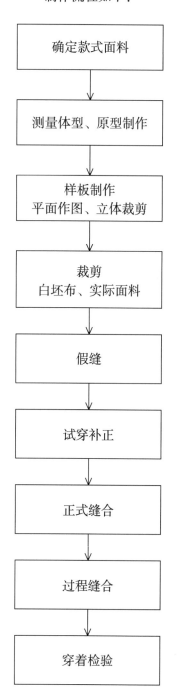

首先考虑穿着者的穿着目的、季节、偏好、预算，然后确定款式、面料，根据定制者要求制订整套计划。

测量必要的人体部位，把握其体型特征，得到样板制作的依据，缝合出原型并试样。修正不符合体型的部分，做出补正后的原型。

根据款式，采用平面制图或立体裁剪方式制作样板，也可采用平面、立体结合的方法制作样板。

裁剪、假缝是指先用白坯布裁剪、假缝并作样板补正，再取补正后的样板裁剪实际面料后假缝。

假缝是以易拆的手工缝制针法为主，将布片缝合起来，力求缝合后轮廓与实际设计相符。

试穿补正要力求样衣符合穿着者体型，能够表现出设计要求的轮廓线条，观察样衣是否适合穿着者，并决定纽扣等辅料及其他装饰品。

由于面料不同，缝制方法各异，要正确把握所用面料的特征，选用合适的缝制方法。

在装袖、下摆缝制过程中进行假缝、点检。

让穿着者进行试衣，根据款式设计做成品确认。

2. 成衣批量生产的制作流程

批量生产的成衣是给同样尺寸的人穿着的，应符合多数人的时尚需求和穿着舒适性。我们对不特定的多数人进行人体测量分析，选择中间体尺寸作为标准尺寸来制作样板，在此基础上进行推档，形成成衣系列并据此进行生产。具体过程如下：

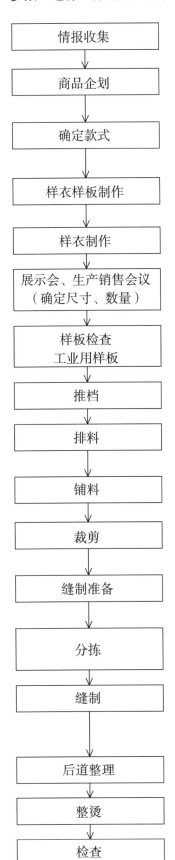

收集国内外流行情报、商品动向情报、市场情报，进行数据分析，把握消费者需求。

在情报分析的基础上，决定下季度商品设计理念，做好面料、色彩、价格、销售时间等计划。

根据企划确定各品类的基本款式和系列设计，确定样衣用面料。

制作样衣样板，制作样衣工艺单。

根据样衣工艺单，由样衣工缝制样衣。

在样衣展示会和商品销售会上进行商品化决议，确定产品规格、数量和交货期。

再度研讨已确定商品化的样衣，制作工业用（大货用）样板，大货样板需加上缝份，可直接用于裁剪。

以中间尺寸的工业样板为基准，扩大、缩小得到必要的尺寸。

确定裁剪时样板的排列方法，在排板纸上按布纹线排列样板并确保所用面料最少，样板排列好后取出排板纸。

根据排板纸的尺寸（使用量），进行多层铺料。

在多层面料上放好样板纸，用裁剪机粗裁，精细处用钢带裁剪机裁剪。

做好缝制前准备，例如加衬、加嵌条和拷边等。

根据缝制工序的不同，在缝制前将裁片分包组合（5件到10件一包），按组发放。

缝制可编组进行。
确定缝纫工、熨烫工。缝纫工可分成口袋制作、领子制作、装领、袖子制作、装袖等工种。

熨烫工负责进行缝份整理、折痕整理。缝纫结束后，有手工缲边、钉扣等手工工序。

使用熨斗或者特殊整烫机进行整理熨烫。

检查成品缝纫、尺寸、附件是否有错。

※ 从推档到裁剪的过程可使用服装 CAD、CAM 系统进行。

3. 款式设计的步骤

服装的款式要根据穿着目的设计，要准确捕捉把握时代潮流，并以此为根据进行服装外形（轮廓）、功能、面料颜色、缝制方法、穿着方式等一系列规划。

因此，款式设计要具有一个图像和构思，这是创作的根源，再展开将其形成实际的方案。总之，形成款式创意源的图像，构思范围很广，是制作有品位的服装的要点。形成创意源的启发来自我们的生活，如大自然、生物、建筑、美术品、闪现的灵感等。

款式设计有以特定个人为对象的度身定制和以不特定多数为对象的成衣等各种类型。特别是面对成衣，为确认企划的方向性，往往是先确定设计灵感，再确定款式。

在此将详细说明如何将设计灵感进行具体化构思后延伸成设计款式。参考案例将用旅行装和社交服来说明如何从设计灵感到款式。

旅行装的设计灵感

美国西部

（Western）

例一　旅行装

主题——美国西部

旅行装的款式概念

旅行装是功能性服装，重视应对气温变化。在此从美国西部的牛仔服装中得到了启发，在硬朗的服装中融入轻便时尚的女性风格，用此图片作为款式设计灵感图。

上装作为中心款式，设计大胆开放的衬衫和T恤，下装强调充满活力的青春基调，也融入了休闲的要素来表现款式的特性。

参考款式设计

社交服的设计灵感

东南亚各国

（Orient）

例二　社交服
主题——东南亚各国

　　为了表现社交服的品位和优雅，从印度的民族服装中求得启发。鲜艳的颜色、华丽的刺绣、美丽的悬垂褶皱等作为款式设计的要点。

　　选用悬垂性好、柔软透明和有光泽的面料，充分利用这些面料的特点进行简单的设计，表现出优雅华丽的感觉。

参考款式设计

第2章　服装制作工具

在服装的制作过程中，要用许多工具。根据使用目的的不同可以分为：测量工具、作图工具、作记号工具、裁剪工具、缝制工具、熨烫工具等。下面按服装制作的顺序，来介绍主要使用的工具名称和用途。

1. 测量工具

测量人体各部位时使用的工具，在作图、裁剪时也会用到。

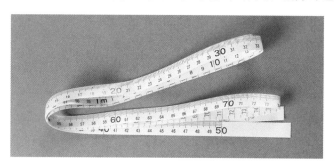

① 软尺

通常用来测量人体围度，是两面都标有刻度的带状测量工具，一般长度为150cm。大多选用受温差变化影响小、触感好的玻璃纤维作原料并涂上氯乙烯，可以测量曲线的长度。

2. 作图工具

主要用于纸样制作时测量尺寸、画直线或曲线；另外，在裁剪、缝纫时也常用。

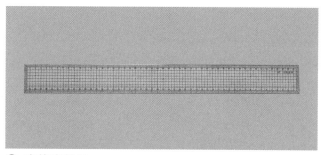

① 方格定规尺

0.5cm的方格定规尺是采用硬质的透明塑料制成的，特别用于画平行线、在纸样上加缝份等。长度有30cm、40cm、50cm和60cm。

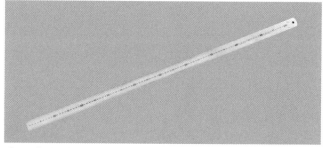

② 不锈钢直尺

用于画线，或用裁刀裁纸等。由于是金属，不容易受外部空气影响，刻度稳定。长度有15cm、30cm、60cm和100cm。

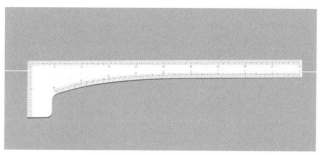

③ L形尺

直角和曲线兼有的尺子，背面有按1/2、1/3、1/4、1/12、1/24的等比例缩小的刻度，采用硬质塑料制作，也有透明款，但透明款没有缩小比例的刻度。

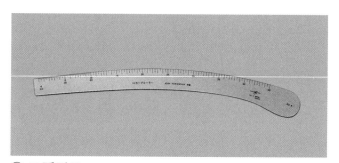

④ H弧形尺

两侧都是弧度较小的弧线的弯形尺，用于绘制裙子或裤子的侧缝线、下裆的弧线等。H取自hip（臀）的首字母。

⑤ D 弧形尺

　　用于绘制领围线、袖窿弧线、裆弧线等弧度较大的线。D 取自 deep（深）的首字母。

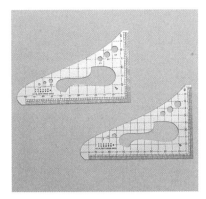

⑥ 比例尺

　　用于在笔记本上作图，采用缩小的刻度，带有云形和扣眼圆形镂空，是有直角和弧线的三角形尺，有 1/2、1/4、1/5 的规格，透明质地的使用更方便。

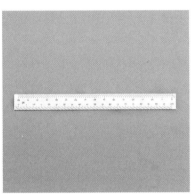

⑦ 比例软尺

　　用于测量袖窿弧线、领弧线、分割线、裆弧线等弧度较大的线长。是一种可以自由弯曲的乙烯基软尺，有 1/4、1/5 刻度。

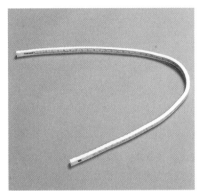

⑧ 自由曲线软尺

　　用于测量和绘制曲线的软尺，尺的中间加入了铅丝，可在需测量的部位弯曲，以便准确地保持曲线形态。

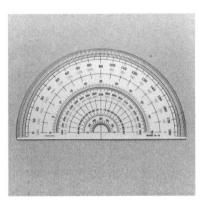

⑨ 量角器

　　样板制图中，测量肩斜量、省量、波浪裙展开量的角度时使用。

⑩ 圆规

　　用于样板制图时，绘制圆和弧线，也用于由交点作图求得相同尺寸。

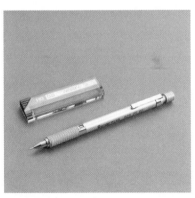

⑪ 制图铅笔

　　铅芯直径有 0.3mm、0.5mm、0.7mm 和 0.9mm。可根据各种制作要求选用铅芯。

⑫ 粗芯自动铅笔和笔芯研磨器

　　粗芯自动铅笔和可替换的有色笔芯，笔芯研磨器也有必要配备。

⑬ 镇纸

　　用于作图、裁剪时压住纸样等，避免发生错位移动。

⑭ 按钉

　　在制图或操作样板时使用，用于固定纸样。

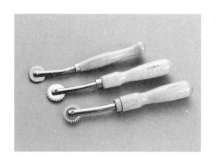

⑮ 滚轮

移取纸样时常用来在面料上作印记，齿轮的齿有尖锐的、钝性的和直线的，在面料间作印记时应加一层复写纸。

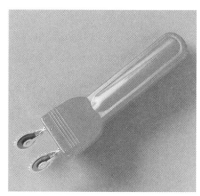

⑯ 双排滚轮

可作两条平行印记，这样可以同时画上净缝线和缝份线，平行线宽度区间为 0.5~3cm，可调节。

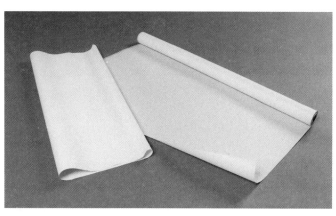

⑰ 作图用纸

牛皮纸、打板纸、方格纸（B4、B3、B2、A3、A2）、手工纸（极薄、薄、厚）等。

⑱ 笔记纸

0.5cm、1cm 的 A4 方格纸或 A4 白纸，用于制作 1/4、1/5 缩小图时使用。

⑲ 描图纸

0.1cm 的 A4 方格纸或 A4 白纸，是半透明的硫酸纸，可用于描图或进行样板展开。

⑳ 美工刀

裁剪样板时使用。

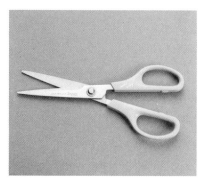

㉑ 剪刀

作用同美工刀。

㉒ 打印夹

在样板或缝份上打对位记号时使用。

㉓ 胶带

对合样板或操作样板时使用的带有磨砂面的胶带，贴在纸上不明显，胶带上也可画线。

3. 作记号工具

在裁剪后的布片或假缝用的白坯布上作成品线记号用。

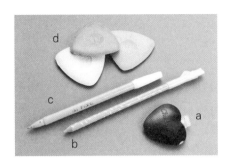

① 颜色粉笔

在厚面料上作线记号时用来画出纸样的轮廓，还用于手缝、车缝的引导线等。

a 画粉盒 *

在带有齿轮的塑料盒内装上作记号的粉末，可随齿轮的转动画出均匀的细线迹。

b 画粉记号笔

像铅笔一样削尖后使用。

c 消失笔

水性消失笔。用其画出的记号可用水洗掉，也可随时间推移而自然消失。

d 画粉

固体状粉块，经专用刀削薄后再使用，有白、红、蓝、黄四种色。

* 盒身上的标记为商品名。

② 布用复写纸

单面或双面的彩色复写纸，将其放置在面料中用滚轮作记号。

③ 刮刀

用于给棉、麻、里料等作记号。用合成树脂制成，可在布上压出印记。刮刀头部厚度为0.5mm，不容易损伤面料。

印台不能有弹性，可用木质裁剪台、乙烯板、瓦楞纸板等。

4. 裁剪工具

① 裁剪台

裁剪面料时用的工作台，也可用于作图。服装的制作几乎都是在这样的台上进行的，可以说它是最重要的用具。裁剪台为木质，台面厚度2.5~5cm为最理想。也可用塑料的板，但是那种材料耐热性差，不能用于熨烫。

裁剪台的尺寸一般为宽90cm、长180cm、高75cm。

② 裁剪剪刀

用于裁剪面料，长度为26cm的使用较方便。

③ 裁剪刀

刀片呈圆形，适用于剪裁薄面料或者易滑面料，刀片可以更换。刀片尺寸大的直径为4.5cm，小的直径为2.8cm，尺寸大的刀片工作效率更高。

④ 花边剪刀

可将面料剪出花边效果，用于装饰性地修剪毛毡、人造革、无纺布等不易松散的面料边缘。

5. 缝制工具

① **顶针**

手缝时套在中指上的用具，用以顶住针防止滑脱，形式有指套形或套在指尖上的等，有金属的、塑料的、皮革的，可根据手指尺寸选用，也有通用的尺寸。

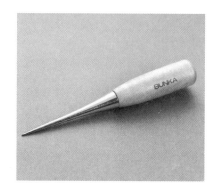

② **锥子**

头部尖锐的金属工具，用于翻裙角或领角、熨烫省道、缝纫时推布、整理缝份等，用在指尖不能完成的部位。

③ **小剪刀**

为尖头剪刀，用于手缝和机缝时剪缝纫线、整理缝份等。

④ **镊子**

用于拔去线记号、线迹等，闭合时整齐无缝、具有弹性者为佳。

⑤ **拆线器**

用于拆除缝纫线迹。

⑥ **切刀**

用来开纽扣眼的工具，在布上按下即可切出扣眼。

⑦ **汽眼刀**

用于开小圆孔的切刀，可用来开扣眼、腰带孔、穿绳孔等。

⑧ **钩针**

用于翻转布祥。

⑨ **穿橡筋用具**

用于穿橡筋。

⑩ **蜡**

涂在线上防止开孔眼、手缝时线因不滑顺而打结。

缝纫机

作为缝制工具，缝纫机是最重要、价格最高的，其种类繁多、用途广泛，有家用型、职业型及工业型。工业型还包括特种缝纫机。家用、职业用电动便携缝纫机已非常普及。

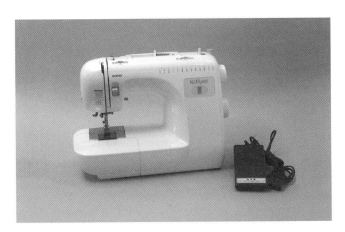

① 家用缝纫机

转速为每分钟 800~1000 转，电脑型缝纫机除直线外，还能够缝纫锯齿形或其他花式缝型。电脑型缝纫机具有调节速度、线迹、花型等功能。

② 职业缝纫机

只有直线的单功能缝纫机，转速最高每分钟 1500 转，比家用缝纫机速度快、功率强。另外，可以借助具有差动功能的送布装备缝制丝绒、皮革等面料，也带有自动切线装置。

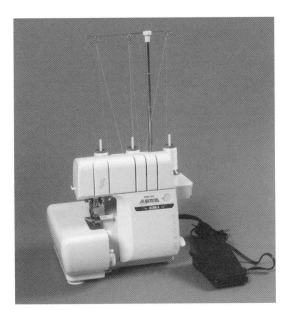

③ 锁缝机

是将两层布边环状缝的缝纫机，用于防止布边松散。锁缝的宽度、针迹密度可调节，针迹细的锁缝可以将布边一边卷进一边锁缝。常见的有 3 线和 4 线锁缝，4 线锁缝可同时进行普通缝合。

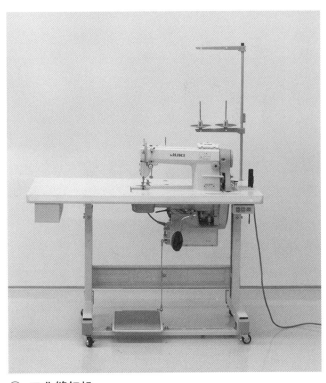

④ 工业缝纫机

转速为每分钟 3000~10000 转的高速缝纫机，可以长时间运转，效率高，适用于批量生产，适合任何面料的缝制。

⑤ 特殊缝纫机

批量生产工厂配备开扣眼机、钉扣机、开口袋机和套结机等专用缝纫机。

⑥ 梭芯和梭壳

梭芯用于卷底线，梭壳是和梭芯配套的工具，有家用和工业用两种。

线

线的种类分为手缝线和机缝线。机缝线的编号越大越细。线的选择应与面料相匹配。

手缝线

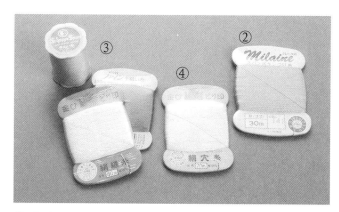

① 绗缝线

用于作线记号、假缝、机缝前固定等。浅色线有红、白、黄、蓝、粉红等色，有色的缝线由于染色后纤维收缩，因此要比本色线稍粗些。线有双股、单股。另外，真丝等其他薄型面料要用更细的涤纶手工线、真丝手工线。

② 钉扣线

钉扣线是专用的牢固型线，常用涤纶线或麻线。男式服装有专用钉扣线。

③ 缲缝线

为手工用线，比机缝线粗且坚固，常用于缲缝。

④ 锁扣眼线

常用于羊毛服装中钉扣、做线襻、锁纽扣眼，比缲缝线更粗、更结实。

机缝线

① 棉线

棉制机缝线，粗细有各种型号，一般号数越小，线越粗。

② 丝制机缝线

缝纫羊毛和真丝类服装时使用的机缝线。

③ 涤纶线

100% 涤纶线，也有合成交织线、混纺线等。此种线耐磨、牢固，有精纺细纱线和有光泽的长丝线。

④ 丝缉线

用于线迹要求比丝质机缝线更明显的场合，也可用于锁扣眼。

⑤ 锁缝线

在锁缝机上使用的专用线，有 100% 涤纶线、100% 尼龙仿毛加工线等。尼龙仿毛加工线常用于针织等伸缩性强的面料的卷边锁缝。

针

平柄型　圆柄型

① **机缝针**

　　缝纫机针种类繁多，要根据面料质地来选择，大致分为家用和职业用。一般情况下，家用缝纫针针柄侧面是平的，是平柄型；职业用缝纫针针柄是圆的，为圆柄型，也有部分是平柄型。

② **手缝针**

　　分为短针和长针，根据面料和缝纫方法选择。号型越大针越细。

③ **插针**

　　分为珠针和大头针两种。珠针用于在面料上固定纸样，缝合时可固定面料，假缝补正。大头针则用于立体裁剪、假缝补正。立体裁剪和假缝时用 0.5mm、0.55mm 的细小针，固定面料时用 0.8mm 的。

④ **针插**

　　用于固定各类大头针、珠针及手缝针，上部采用毛织物，内包裹毛线或剪碎的羊毛布，用布包缝，两侧钉缝橡筋带以便于作业时套在手腕上。

针的种类和用途

　　针的种类：机缝针、手缝针、刺绣针、特殊针等。不同编号，针的粗细、针眼大小、长度各不相同，针的选择应与面料和用途相匹配。

针	种　类	型　号		用　途
机缝针 编号越大，针越粗	家庭用机缝针 HA（平柄型） 职业用机缝针 DB（圆柄型） HL（平柄型） （7 号 ~18 号）	细 ↓ 粗	7 号	特薄面料
			9 号	薄面料
			10 号	普通面料
			11 号	普通面料
			14 号	厚面料
			16 号	特厚面料
			18 号	特厚面料
手缝针 编号越大，针越细	长针 短针 （6 号 ~ 9 号）	粗 ↓ 细	6 号	锁扣眼
			7 号	厚面料的绗缝
			8 号	厚面料的缲缝，普通厚度面料的绗缝
			9 号	普通厚度面料、薄料的缲缝、绗缝
刺绣针 编号越大，针越细短	（3 号 ~ 9 号）	粗 ↓ 细	3 号	25 号绣花线 6 根
			4 号、5 号	25 号绣花线 4~5 根
			5 号、6 号	25 号绣花线 3~4 根
			7 号	25 号绣花线 1~2 根
特殊针	皮革用手工针（三角针尖）	—		皮革用
	皮革用机缝针 针织用机缝针	11 号、14 号、16号、9 号、10 号、12 号、14 号		皮革用、毛皮用 针织用

线和针的一般使用方法

线		编号、长度		色数	针	用途
手缝线	绗缝线（棉）	无号码		7 色	手缝针 6 号、7 号、8 号	棉、羊毛的绗缝
		丝绗缝线	80m	2 色（白、黑）	手缝针 9 号	丝、化纤的绗缝
	涤纶线	20 号	30m	100 色	手缝针 6 号	钉纽扣、锁扣眼
	真丝手缝线（缲缝线）	9 号	80m	220 色	手缝针 7 号、8 号、9 号	真丝、羊毛的缲缝
	涤纶线（手缝线）	45 号相当；40 号相当	50m 100m	200 色 200 色	手缝针 7 号、8 号、9 号	化纤面料缲缝 化纤面料绗缝
	丝线	16 号	20m	220 色	手缝针 6 号	真丝、羊毛织物钉纽扣、锁扣眼
缝纫机线（编号越大，线越细）	棉线	30、40 号	200m	2 色（白、黑）	手缝针 6 号 机缝针 16 号	棉织物的钉纽扣、锁扣眼
		50 号	200m	2 色（白、黑）	机缝针 11 号、14 号	厚棉布
		60 号	200m	2 色（白、黑）	机缝针 11 号	普通棉布
		80 号	200m	2 色（白、黑）	机缝针 9 号	薄料棉布
	真丝缝纫线	50 号	100m	220 色	机缝针 9 号、11 号	普通或厚羊毛织物、丝绸、化纤
		100 号	200m	220 色	机缝针 7 号、9 号	薄丝绸料
		30 号	50m	94 色	机缝针 14 号、16 号	缉线用
	涤纶线	60 号 50 号	200m 200m	200 色 200 色	机缝针 11 号	化纤、棉混纺普通面料、厚面料
		90 号	300m	200 色	机缝针 9 号、11 号	化纤、棉混纺薄料
		30 号	100m	200 色	机缝针 14 号、16 号	化纤、棉混纺厚料
	尼龙线	50 号	300m	161 色	机缝针 9 号、11 号	针织用
	锁缝线	90 号	1500m	80 色	机缝针 9 号、11 号	普通、厚面料一般锁缝
	涤纶线	100 号	1000m	40 色	机缝针 9 号	薄料卷边用
	尼龙仿毛加工线	110 旦（12.2 tex）	1000m	40 色	机缝针 11 号	卷边用

6. 熨烫工具

由于西服是讲究立体造型的，所以熨烫的质量将涉及成品的好坏。应根据面料种类来选择合适的熨烫温度、湿度和压力，避免破坏面料。

熨烫工具种类繁多，要根据使用目的来选择合适的。

专业用蒸汽熨斗　　　　　　　　家用熨斗

① 蒸汽熨斗

职业用和家用熨斗都为干湿两用的。头部尖，有把手。底较厚，有一定重量（1.7~2.5kg），便于使用。

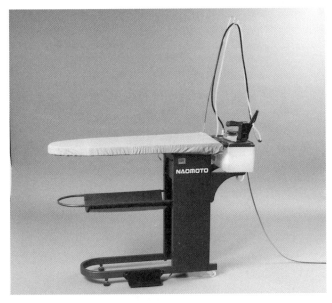

② 真空熨衣板（职业用）

蒸汽式熨斗和真空熨衣板组合使用，蒸汽熨斗将热量和蒸汽喷到面料上，同时抽真空将额外的热量和蒸汽吸走，可以高效地完成分烫缝份、烫折痕、归拔、后整理等工作。

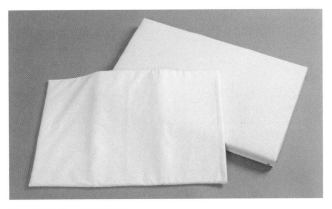

③ 熨烫台、熨烫垫布

由于蒸汽熨烫时加入了湿气，除了熨烫时被面料吸收的一部分外，还有一部分残留在熨烫台的垫布上，因此蒸汽熨烫台应带有孔洞，熨烫台垫布应选用吸湿性强的毛毡垫加上棉布罩。

④ 熨烫"馒头"

常在熨烫胸、腰、肩等立体感强的部位缝份时、粘衬时、同时熨烫面布和里布时使用。"馒头"内装有吸湿的木屑，形状大小各异。

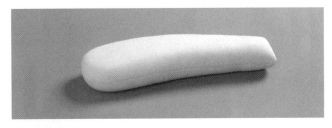

⑤ 袖烫板

手臂形状的熨烫工具，主要用于袖子、裤子等筒状部位的缝份整理，也用于袖子袖山缩缝量整理、短缝份的熨烫等。

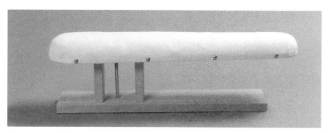

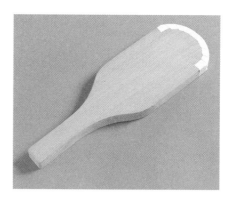

⑦ **压板**

　　羊毛熨烫的时候，在熨斗热量和湿气残留时用压板压一下，缝份就会伏贴，面料不会产生极光。

⑥ **熨烫马**

　　用于裙子、裤子等筒状部位的熨烫，另外熨烫上衣的缝份或有较大弹性的难以熨烫的面料时也用此物。大小尺寸有很多种。

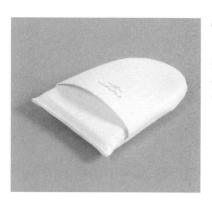

⑧ **手套垫**

　　在使用熨烫馒头和熨烫马也难以熨烫的部位，将手套垫套在手上可轻松熨烫。

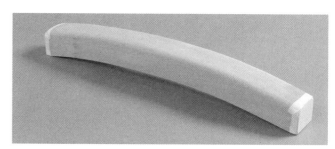

⑨ **弯形木**

　　用于质地紧密厚实的面料分烫缝份。

⑩ **分压板**

　　用于装袖缝份、肩缝、装领处、裤裆等弧度大的部位分烫缝份。

⑪ **毛绒面料熨烫用垫**

　　有毛性的羊毛织物、天鹅绒等面料使用的熨烫用垫，由于熨烫时垫子上细小的针可以和面料上的毛咬合，所以熨烫后面料毛绒可以保持完整美观。

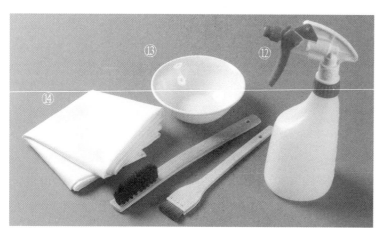

⑫ **喷雾器**

　　用于面料熨烫或后整理时，大面积喷洒水雾。

⑬ **水刷和其他工具**

　　在分烫缝份时，可用水刷一遍，使面料吸入水份，从而更容易被烫平。

⑭ **垫布**

　　当蒸汽直接接触面料时会损伤面料，可用白坯布或无胶白棉布垫盖上，然后再用蒸汽熨烫。

7. 人台

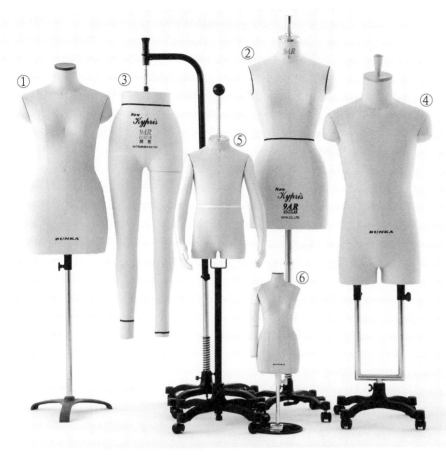

"人台"又称"人体模型",有女用、男用、儿童用的,从上衣到裤子等各类型。

用于立裁、假缝、缝制,以及服装制作立体成品整理的过程中检查轮廓或设计上各部位的缺陷。

① 裸体人台
② 工业用人台
③ 裤装人台
④ 裸体人台(男用)
⑤ 裸体人台(儿童用)
⑥ 1/2 裸体人台

⑦ **人台用标识带,粘带**

用于在立裁时标贴人台基础线、假缝时的款式线移动、领子的变形等。有 0.15cm 和 0.3cm 宽度。

8. 其他

① **镜子**

假缝补正时试装用的全身镜,有一面和三面。

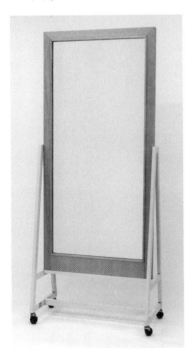

② **磁铁**

用于寻找丢失的针。

第3章 服装制作的人体测量

一、关于服装制作的人体

穿着舒适的服装，是指适合穿着者的体型，能让其动作伸展自如，为了让穿着者视觉上美观并平衡其体态而制作的服装。即使款式与颜色很美，若不合体，也会成为穿着感差、活动不便的服装。

就人的体型来讲，组成人体的骨骼肌肉的大小以及皮下脂肪的堆积等都有个体差异。另外，因年龄、性别、种族的差异，其体型差异也很大。即使同一个人也会有身体左右不对称和因成长产生的变化，到了中老年后骨骼的形状会发生变化，体型也随之发生变化。因此，为了能制作美观而又平衡体态的服装，了解人体各部位是很重要的。了解人体要先观察体表，从而掌握尺寸与形态的平衡以及理解身体构造与运动方式。

下面将详细说明服装制作必要的基础知识。

1. 人体的方位和体表区分

人体的表面由整张皮肤覆盖，没有像衣服一样的分界线。为了能与形成衣服廓形的各个板块对应，因而在人体上设定基础线、方向以及各部位的名称，即人体的方位和体表的区分。

（1）方位专用语

前面——有脸、胸、腹、膝等的面。

后面——有颈、背、臀等的面。

侧面——前和后之间两侧的面。

正中线——在皮肤上通过身体中央的线。有前正中线、后正中线。

矢状线——与正中线平行的线。

水平线——与地面平行的线。

正中断面——被前后正中线切开的断面。

矢状断面——与正中断面平行的断面。

水平断面——与地面平行的断面。

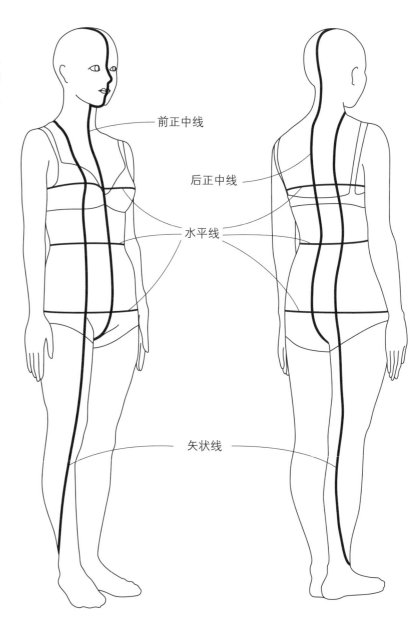

前正中线

后正中线

水平线

矢状线

人体的断面形状

了解人体的断面形状是了解体型、厚度、宽度的手段，对服装制作至关重要。

正中断面

位于人体正中，有头部但无乳房及臀部的突出，无下肢，在制作裤子时腰以下的裆的形状是了解厚度的重要依据。

矢状断面

经过乳点的矢状断面，虽然没有头部，但是乳房、臀部等突出部位明显地体现出来，下肢也会根据断面位置不同而形态不同。需要注重人体正中断面、矢状断面及侧面轮廓的不同。

躯干各部位的水平断面

将躯干各部位的水平断面做比较，就能了解身体的突出程度、立体形状（厚度、宽度的平衡），从而在样板制作上就能确定省和褶裥的量（参照第65页的水平断面图）。

（2）体表区分

为服装制作而将体表区分，并标明骨的位置。

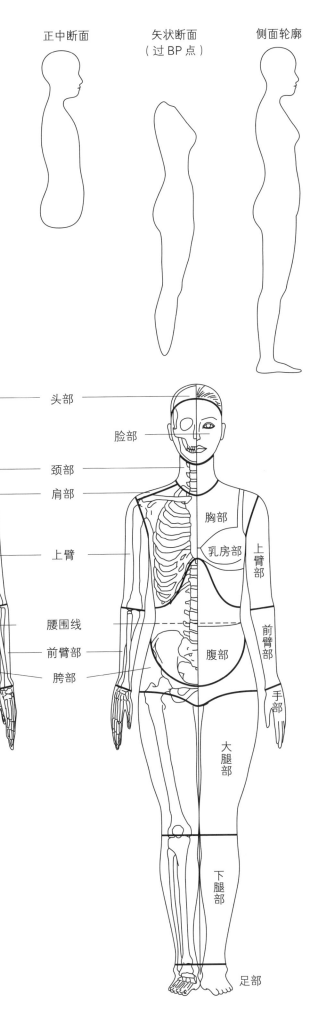

正中断面　　矢状断面（过BP点）　　侧面轮廓

头部
脸部
颈部
肩部
背部
胸部
上臂
乳房部
上臂部
腹部
腰围线
前臂部
前臂部
胯部
臀部
腹部
手部
大腿部
下腿部
足部

2. 人体构造

　　在人体的内部有骨骼、内脏、肌肉、皮下脂肪、神经、血管。人体的最外层是皮肤。这些都和服装有较深的关联。

（1）骨骼

　　骨骼是支撑起人体形状的支架。人体有200余块骨头，骨与骨连接处是活动关节，可以进行运动。在服装制作时必须理解关节的部位、关节活动方向、活动量。

　　人体的骨骼可以分成四大部分：

❶ 头盖——头盖骨、脸面骨。

❷ 躯干骨——脊柱、胸廓。

❸ 上肢骨——上肢关节、自由上肢骨。

❹ 下肢骨——下肢关节、自由下肢骨。

❷ 躯干骨

脊柱

　　由颈椎7块、胸椎12块、腰椎5块、骶骨1块、尾骨1块组成，从侧面观察会形成人直立时有"S"形的生理弧线弯曲，其中颈椎和腰椎活动幅度大，所以在服装制作中必须理解这些部位的运动幅度。

胸廓

　　胸椎附有左右各12根肋骨。肋骨连着前胸中央的胸骨，形成箩筐形的胸廓。胸廓中是肺和心脏等维持生命体系的重要脏器。胸廓后部有对手臂活动时起着重要作用的肩胛骨。女性胸廓前有隆起的乳房。这些都是在服装制作中不可或缺的基础骨骼。

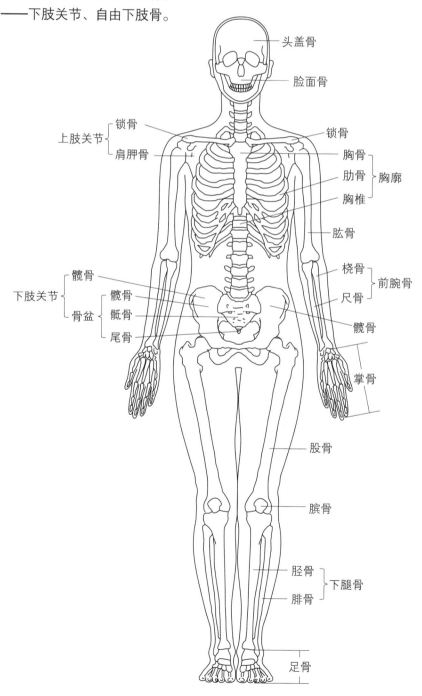

❸ 上肢骨

上肢关节

锁骨和肩胛骨在胸廓上左右各一组，虽是位于躯干骨的位置，但是仍属于上肢骨。骨骼与在上肢骨上所覆盖的肌肉对于服装制作来说是肩部的重要组成部分。

肩关节是连系着躯干骨和上臂的骨骼，能进行复杂的大动作，是与装袖有着重要关系的部分。

自由上肢骨

由肱骨、前腕骨（桡骨、尺骨）、掌骨构成，可以进行肘和手指关节运动。

❹ 下肢骨

下肢关节

髋骨紧密结合在脊椎的骶骨的左右，形成骨盆。在髋骨中有股关节，连接股骨进行下肢运动。

自由下肢骨

由股骨、膑骨、下肢骨（胫骨、腓骨）、足骨组成，膝、踝和趾关节可以运动。

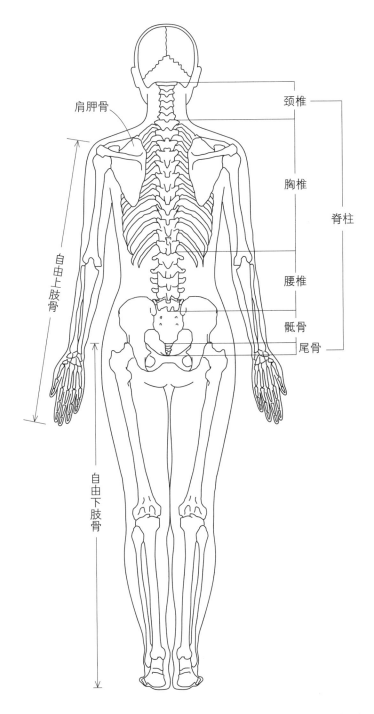

肩胛骨

颈椎

胸椎

脊柱

腰椎

骶骨

尾骨

自由上肢骨

自由下肢骨

（2）肌肉

肌肉在神经刺激下收缩，使骨骼、皮肤、内脏运动。人体虽有许多肌肉，但和服装制作有关联的是使关节运动的骨骼肌。了解肌肉关联着哪些骨骼，走向如何，就能理解其主要作用。

考虑到人体活动量，关节的单侧肌肉收缩，另一侧的肌肉伸展会形成屈伸运动。随着侧肌肉长度的变化，收缩的肌肉会膨胀，所以围径也会变化。

下面介绍一下与服装制作有关的肌肉：

❶ 颈部肌肉——胸锁乳突肌；

❷ 胸部肌肉——胸大肌、前锯肌；

❸ 背部肌肉——斜方肌、背阔肌；

❹ 腹部肌肉——腹直肌、腹外斜肌；

❺ 上肢肌肉——三角肌、肱二头肌、肱三头肌、肱肌；

❻ 下肢肌肉——臀大肌、股四头肌、股二头肌。

❶ 颈部肌肉

胸锁乳突肌

起于胸锁骨连至耳后乳状突起的肌肉，只要转动脖子就会在皮肤上显现肌肉形状。两侧同时运动就会形成缩头状，该肌肉单侧运动时呈向耳后部位靠近胸骨状态。

❷ 胸部肌肉

胸部肌肉起于胸骨、肋骨（部分锁骨），背部的肌肉起于脊椎连接上肢关节或者上肢骨。胸部肌肉收缩，则背部肌肉舒展，手臂向内运动；而背部肌肉收缩，则胸部肌肉舒展，带动手臂向后拉伸。因此，胸部肌肉是活动手臂的重要肌肉。

胸大肌是从锁骨、胸骨、肋骨连接到肱骨的肌肉，有内收手臂的功能，覆盖了胸廓前的大部分，是乳房的基础肌肉。

❸ 背部肌肉

斜方肌

起于后颅骨，经颈椎、胸椎连接肩胛骨，广泛覆盖于背部，并沿着肩部连接锁骨，是使肩膀倾斜的肌肉。

背阔肌

广泛地覆盖于斜方肌以下的背部，起于脊椎，经髋骨连接肱骨。

❹ 腹部肌肉

腹直肌起于耻骨连至肋骨，沿腹部呈纵向走势。该肌肉收缩则带动身体向前屈。另外腹部用力时，腹部皮肤上可呈现出隆起的肌肉。

腹部正面腹直肌呈纵向，体侧的腹外斜肌、腹内斜肌、腹横肌各自是斜向或横向走势的。腹部正面到侧面这部分是没有骨骼的部分，所以这些肌肉起着覆盖、保护腹内脏的重要作用。

❺ 上肢肌肉

三角肌起于锁骨和肩胛骨连至肱骨，具有抬腕的功能。服装中袖山的弧形便是为了吻合三角肌上端隆起的形状而设计的。

上臂的前面有从肩胛骨延伸到前腕骨的肱二头肌，后面有从肱骨，经肩胛骨连接前腕骨的肱三头肌。肱二头肌和其下方的肱肌运动形成肘关节弯曲，肱三头肌运动时肘部伸展。肘关节弯曲时可明显看到肱二头肌和肱肌的隆起。

❻ 下肢肌肉

臀大肌起于髋骨连至股骨，具有向后拉伸下肢的功能，是步行时活动的肌肉，同时形成臀部形状。

在大腿的前侧有起于髋骨和股骨连至髌骨的股四头肌，后侧有起于髋骨和股骨连至下腿骨的股二头肌。股二头肌运动则形成曲膝，股四头肌运动时可伸直膝关节。

（3）皮肤

皮肤位于人体最外侧，保护人体免受外来刺激，并感知外界的状况。同时也可排出体内不需的物质，还有调节体温，储存皮下脂肪的功能。皮下脂肪的厚度因年龄、性别、种族的不同而不同，且人体各部位也不同。其附着方式最能表现各种体型特征，因此被视为服装制作中的重要因素。另外，皮肤的弹性、皱纹和皮肤与下层的错位情况，不会妨碍骨骼、肌肉的运动，可以伸缩适应。皮肤上覆盖的是服装，因此皮肤的伸缩程度与服装样板有很紧密的关系。

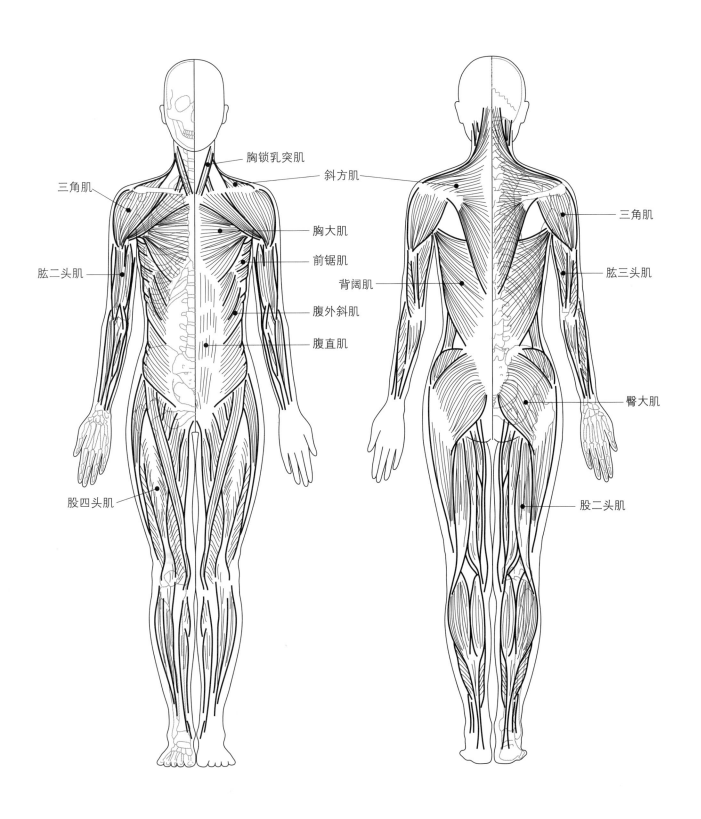

胸锁乳突肌

三角肌

肱二头肌

斜方肌

三角肌

胸大肌

前锯肌

肱三头肌

背阔肌

腹外斜肌

腹直肌

臀大肌

股四头肌

股二头肌

3. 人体的比例

服装不是要原样呈现人体外形与体态的平衡，而是为了对现有的人体进行美化。要了解如何进行美化，首先必须理解现实中的平衡，也就是说，根据测量来把握人体各部位的尺寸是很重要的。由此能更进一步认识到整体的比例，想知道要如何展示哪个部位，必须在衣着设计上进行思考。

但是人体的比例因性别、年龄、种族等不同而各异，人的审美观也不同，所以很难划定理想的比例。另外，通过测量人体，即使得到测量尺寸，若没有比较研究也无法正确认识人体。在此将以文化服装学院的测量数据为基础，展示成年女性（18~24 岁）的标准比例和几个作为指标的比例。

人体有很大的个体差异，并不一定要按照下述比例，不过作为服装制作的标准，在绘画作图中使用是比较好的。

头身指数和指端

● 从头顶到下巴正中的长度（垂直距离）称为"全头高"。将身高以全头高来分割的值为头身指数。身高平均是 7.1 个头高，头身指数越大，相对于身高来说头越小。

● 全头高的 2 倍左右的位置是乳头（BP 点）的位置。这个位置往下移会给人年龄增大（中年以后）的印象。

● 全头高的 4 倍左右的位置是躯干部分的终止线，下垂的拇指根部也在这个高度上下。这个高度也因年龄、种族不同而有很大差异。

● 身高和指端（两臂水平伸展时右中指尖端到左中指尖端的长度）基本相等。

头身指数

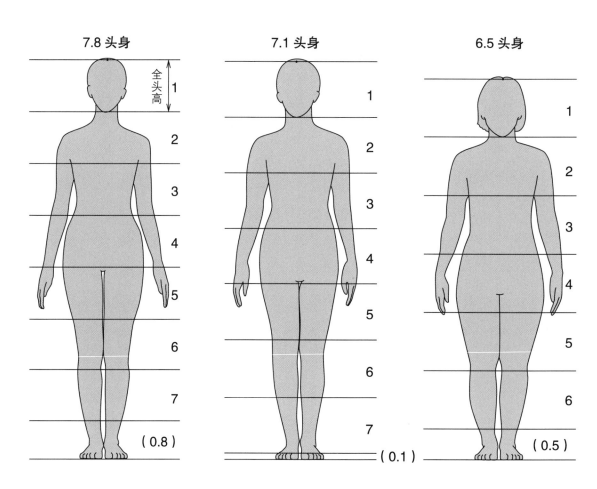

由于种族不同而比例不同的例子

日本女性

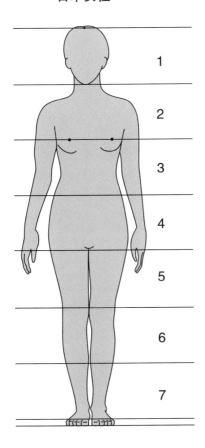

1
2
3
4
5
6
7

肯尼亚女性

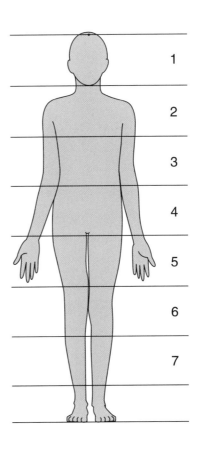

1
2
3
4
5
6
7

从侧面看臀的高度平衡

从侧面观察人体，虽看不见躯干部分的裆底线，但是臀部的突点高度，会影响下肢的长度，在视觉上或长或短。在服装制作时常采用将臀的位置比实际稍提高的做法，这是服装美化平衡的一个重要手法。

臀部突点低

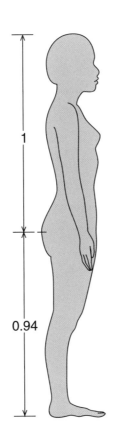

1

0.94

臀部突点高

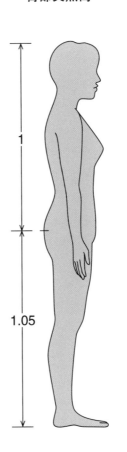

1

1.05

身高、臀部突点高

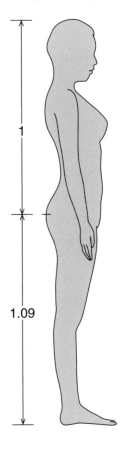

1

1.09

胸、腰、臀的平衡

决定人体平衡和美观的重要因素是各部位的整体平衡。以女性为例，腰部细被认为美，但是如果腰细、胸围和臀围也细的话，就不能很好地体现匀称协调的曲线美感。相反，即使腰稍有些粗，在胸围尺寸匹配、臀部位置高、大小形状匀称的情况下，也能形成整体的协调美。因此，比起身体各部位的尺寸，宽度、厚度、围度是怎样的关系对于平衡来说更为重要。

胸、腰、臀围度和宽度测量的三个例子

胸、腰、臀围度差距小的体型	臀部丰满体型	与胸、臀相比腰较细的体型

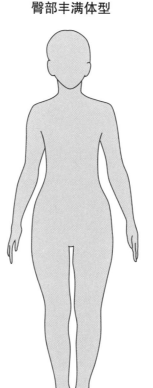
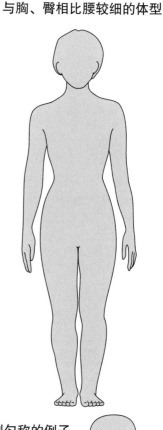

比例匀称的例子

从文化服装学院的女学生（约6000名）中选出标准、匀称的学生，以厚度、高度、宽度的比例（穿内衣、束腰）来表现其形态。

由于人体各部位的尺寸存在个体差异，所以可以设定基准部位（这里是腰部），将腰部定为1与其他各部位的尺寸进行比较。

如果将标准平衡的身体换成数值，从前面看宽度的平衡，从侧面看厚度的平衡，则如右图所示。

在厚度的平衡中，即使突出位置不同，胸部、臀部相对于腰部的比例也几乎相同。另外，即使宽度和厚度的平衡良好，如果各位置过高或过低，整体看起来也不匀称，所以要考虑到如右图高度上的平衡。

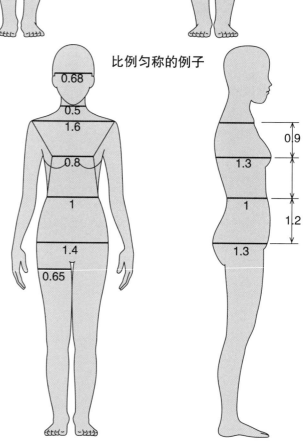

比例匀称的例子

4. 人体运动和服装的关系

　　人体的运动是依靠关节来进行的。由于关节的种类、运动量、方向等不同而存在个体差异。服装是覆盖在活动的人体上的，所以必须与身体的运动范围相适应，必须对服装加上运动量。服装中的这个运动量是作为有目的的必要的功能量（运动的形态）或松量（离体程度）来添加的。身体做大动作时的服装须加大功能量，功能量不足的服装则限制活动。衣服穿着时，处于静态时要求体型和尺寸贴切为好，但处于动态时，如果缺少功能松量，服装便出现皱褶和变形，失去原有的平衡，成了穿着不舒服的服装。如果想要制作活动时也很漂亮的服装，首先要了解人体在哪里活动（关节在哪里）、活动的量是多少。

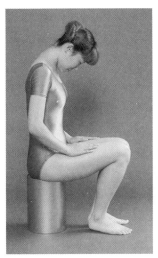

　　例如，观察手臂运动时服装有皱痕，可以探究身体活动与服装的适应性。即使是手臂下垂时（静态），只要手臂运动，合体的衬衫也会发生变化。

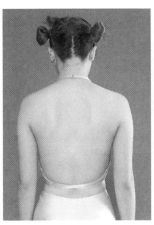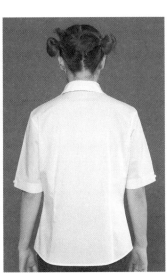

手臂下垂时

衣服合身

A 手臂上扬时　　肩胛骨在胸廓上做较大旋转移动，肱骨也大幅度运动，体侧部位的皮肤也大幅度被拉伸。与此相对应的服装的侧部无法拉伸，就会产生朝侧部的斜向褶皱。作为拉伸的不足部分，下摆随着往上提高，另外，肩宽在手臂上抬时显得更狭小，从而会形成肩部褶皱。

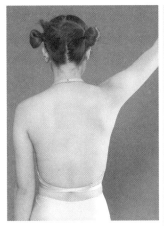

手臂上扬时

产生朝侧方的褶皱，衣服下摆上提，肩部形成褶皱

B 手臂前伸时　　肩胛骨分别向左右拉开距离，背部皮肤被拉伸，衣服背宽无法拉伸所以产生横向褶皱。

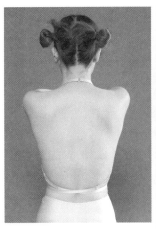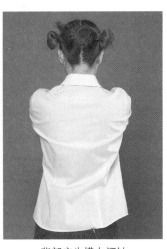

手臂前抬时

背部产生横向褶皱

　　随着这样的身体运动，有时会在服装的袖底部位加上运动量，有时会用褶裥来填补背宽的增加量。

　　但是，服装需要功能与美感，根据穿着目的，有即使活动量受到限制也要重视廓形与平衡的情况，因此，根据穿着目的考虑服装的功能性制作是很重要的。

二、服装制作的人体测量

由于服装是将人体尺寸作为基础来进行各类款式展开的，所以最重要的是了解人体的正确尺寸、形状。为此，需要正确地测量人体、理解人体特征，这样才能制作出美观、平衡、穿着舒适的服装。

虽然人体的尺寸只要有人体就可以简单地测量出来，但实际操作起来是很不容易的。因为人的姿势经常发生变化，过分紧张或过分的松弛都与平常的姿势不同。另外，人体通常是处于悄悄动的状态，很难完全达到相同姿势或用相同条件测量。测量胸围时，即使水平放置尺，但由于体轴倾斜、背部弯曲常常会出现软尺往下降的情况，易造成测量数值比实际小。测量背长也很难确定作为基准的后颈点和腰的位置。

这样看来，测量人体不简单，正确的测量是根据目的使用各种测量仪器进行测量，测量点和测量方法也不同。在此，我们以制作衣服为目的，以在前几章所提到的骨骼为基础，在人体上确认测量点，附以服装制作中必要的测量项目，来讲解正确的测量方法。

1. 测量时的姿势

① 头部保持耳眼水平。
② 背自然伸展不抬肩。
③ 双臂自然下垂，手心向内。
④ 双脚后跟靠紧，脚尖自然分开。

2. 测量时的着装

测量时采用裸体或近裸体状态。这里是制作外衣时的测量，所以要穿内衣（文胸，T恤衫或紧身衣）。

3. 测量方法

由于是对身体各部位形状的测量，除了做精密测量外还需使用各种测量仪器，后述有使用各种测量仪器的测量方法（64～67页）。在此仅限于制作服装。测量点也规定在最小限度，主要是采用软尺来测量的测量方法（也可使用测量器来测身高）。

编号	测量点	定　义
1	头顶点	头部保持耳眼水平时头部中央最高点
2	眉间点	左右眉毛中央向前突出的点
3	后颈肩点（BNP）	第七颈椎的突出处
4	侧颈点（SNP）	斜方肌的前端和肩线交点处
5	前颈窝点（FNP）	左右锁骨的上沿连线与正中线的交点
6	肩点（SP）	手臂和肩交点处，从侧面看处于上臂正中央位置
7	前腋点	手臂与躯干在腋前交接产生皱褶的点（手臂自然下垂状态）
8	后腋点	手臂与躯干在腋后交接产生皱褶的点（手臂自然下垂状态）
9	胸点（BP）	戴胸罩时乳房的最高点
10	肘点	尺骨肘端最突出的点
11	手腕点	尺骨下端的突出点
12	臀突点	臀部最突出点
13	髌骨下点	髌骨下端点

（1）测量点

　　为进行准确测量，要在人体上标定测量点。虽然定骨性标记较易懂，但是找出头围、臀围、肩宽等的测量点较难。不过这些点对于服装制作来讲是重要的部分，所以在皮肤上充分观察后再定位非常重要。

　　用贴纸、眼线笔、水性签字笔等在体表进行测量点标记，在腰部缠上细腰带，更容易测量也更准确。

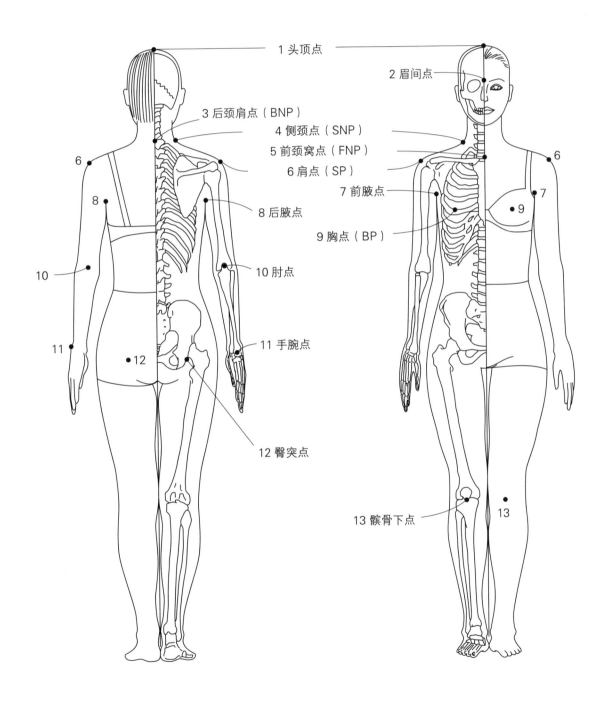

1 头顶点
2 眉间点
3 后颈肩点（BNP）
4 侧颈点（SNP）
5 前颈窝点（FNP）
6 肩点（SP）
7 前腋点
8 后腋点
9 胸点（BP）
10 肘点
11 手腕点
12 臀突点
13 髌骨下点

测量项目和方法

类别	编号	测量项目	测量方法
围度	1	胸围	过 BP 水平一周的围度
	2	胸下围	乳房下缘水平一周的围度
	3	腰围	躯干最细处，适合腰带的位置水平一周的围度
	4	中臀围	腰与臀中间位置水平一周的围度
	5	臀围	在腹部放置塑料板，过臀部最突出的位置水平一周的围度
	6	臂根围	过前腋点、SP、后腋点绕臂根一周的围度
	7	上臂围	上臂最粗位置的围度
	8	肘围	过肘点量手肘最粗位置的围度
	9	手腕围	过手腕点量手腕最粗位置的围度
	10	手掌围	拇指自然贴合于手掌内，量指根最粗位置的围度
	11	头围	沿眉间点过后脑最突出位置的围度
	12	颈围	过 BNP、SNP、FNP 的围度
	13	大腿围	臀底部大腿最粗位置的围度
	14	小腿围	小腿最粗位置的围度
宽度	15	肩宽	从左 SP 过 BNP 到右 SP 的长度
	16	背宽	从左后腋点到右后腋点的长度
	17	胸宽	从左前腋点到右前腋点的长度
	18	BP 的间距	左右胸点间的长度
长度	19	身高	头顶点到地面的垂距
	20	总长	BNP 到地面的长度
	21	背长	从 BNP 到腰围线的长度
	22	后长	从 SNP 过肩胛骨突出点到腰围线的长度
	23	乳高	从 SNP 到 BP 的长度
	24	前长	从 SNP 过 BP 到腰围线的长度
	25	袖长	从 SP 到手腕点的长度
	26	腰高	腰围线到地面的长度
	27	臀高	臀突点到地面的长度
	28	腰长	腰高减去臀高的长度
	29	上裆长	腰高减去下裆长的长度
	30	下裆长	从大腿位置到地面的长度
	31	膝长	正面腰围线到髌骨下端的长度
其他	32	上裆前后长	前腰穿过裆部到后腰的长度
	33	体重	穿上测量用内衣后身体的质量

（2）测量项目和方法

　　下面介绍身体的围度、宽度、长度及其他各部位的测量方法。

　　测量项目的编号以 56 页为基准。

❶　胸围

❷　胸下围

❸　腰围

❹　中臀围

❺　臀围

　　沿着各个测量点，将软尺与地面平行，水平环绕一周测量。

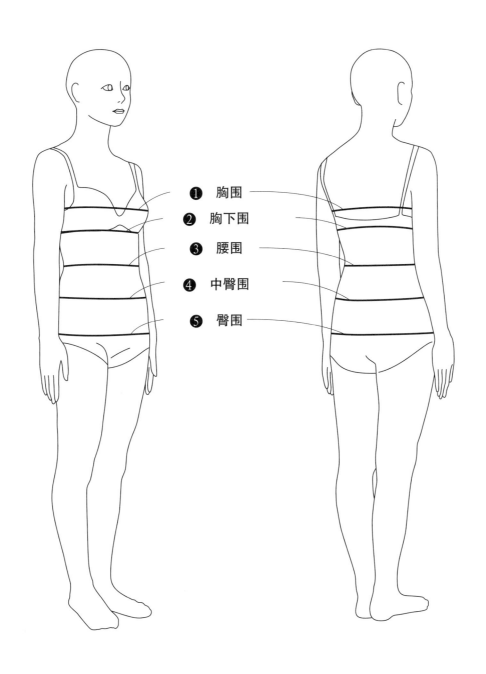

❶　胸围
❷　胸下围
❸　腰围
❹　中臀围
❺　臀围

● 水平围量周长的注意点

❶ 胸围

❷ 胸下围

　　身体的轴线从腰往上大多向后倾斜，所以容易把软尺对准轴线形成直角。另外，后背从肩胛骨到腰部这一段倾斜度大，如果用软尺对准这个倾斜度，测量点就会下降（图1）。因身体形状越接近手臂根部就越大（图2），若往下降，量出的尺寸就容易比水平的胸围尺寸小。

　　另外，由于所穿内衣的不同，胸围尺寸会变化，BP的位置越往上越接近手臂根部，围度会相应变大（图2、图3），所以测量时穿着的内衣应与平时穿着的尽量类似，避免误差。

❹ 中臀围

　　因腰部向臀部方向由细渐渐变大，中臀处将软尺对准后部的倾斜测量点就会往上移动，尺寸也易变小（图1）。

❸ 腰围

　　年轻女性腰部为躯干处较细的部位，但生理上最细的地方，往往在裙子、裤子的腰带收束位置上方。

　　为服装制作设定的腰围不是最细的位置，重要的是服装穿着时可以形成协调的腰线，而不是顺应流行，应该由整体协调来决定自然的腰部。

　　另外，虽然看起来自然的腰线经常不水平，但在服装制板作图时，可以将水平的腰线作为基础，在腰线上绕一圈细胶带来定位腰，然后再测量与地面平行的前后高度，决定水平的腰线。

　　腰线会成为后续量取前长、后长的基准，所以必须正确设定。

❺ 臀围

　　测量臀部最突出的位置，此位置大多比前面腹突处低。

　　在服装制作中，要将腹部、臀部突出量加入周围尺寸中，测量时可将软塑料板贴放在腹部（图4），然后量出含腹部量的臀围尺寸。

　　另外，如遇大腿围大于臀围的情况，须测量大腿围。

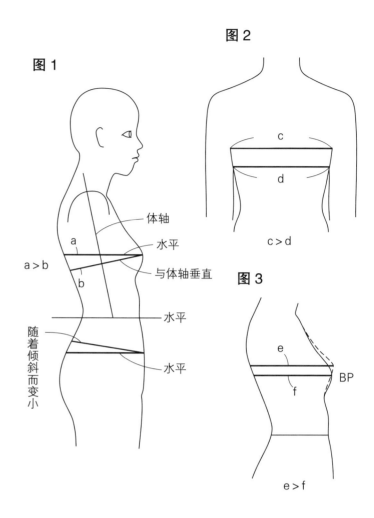

图1

图2

图3

c > d

e > f

体轴

水平

与体轴垂直

水平

水平

a > b

随着倾斜而变小

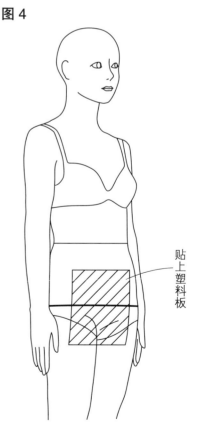

图4

贴上塑料板

● **正确的水平测量**

　　胸围尺寸是制作上衣时的必要尺寸，臀围是制作下装时的必要尺寸，需要测量准确的数值。

　　为了能准确地量出水平的一周，应该用身高尺从地面量到BP，然后用同样的尺寸在背面作记号，再沿这个点放上软尺。

　　另外，可在墙壁上画出水平线并让被测者站在前面，根据水平线测量。其他部位也可照此方法操作。

⑥ **臂根围**

　　从前腋点沿着手臂根部、过后腋点，再经SP回到前腋点，用软尺绕一周。手臂根部因手臂要向上抬，形状和位置容易变化，向上拉软尺时若用力过度，就会使前腋点，后腋点一起往上，所以需要注意。

　　用软尺测量手臂根部时，应将手臂稍上抬，然后将手臂放下，过SP用软尺量一周。

　　软尺应选用细的，更能测量准确。

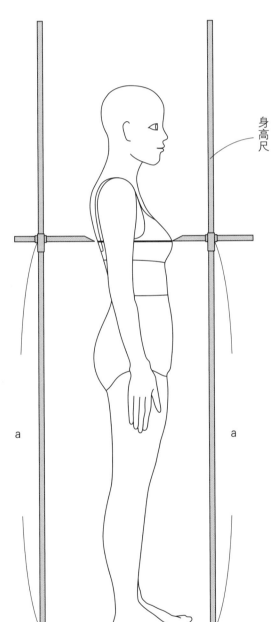

身高尺

a

a

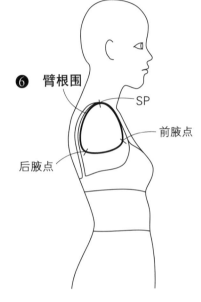

⑥ 臂根围

SP

前腋点

后腋点

⑦ **上臂围**

　　在前腋点稍下方手臂最粗的位置，相对上臂轴垂直测量一周。

⑧ **肘围**

　　使肘关节弯曲，寻找突出点，放下手臂，绕肘部最粗处一周测量。

⑨ **手腕围**

　　在手腕2根骨头（尺骨、桡骨）突出部位从大拇指侧经小指侧环绕一周测量。

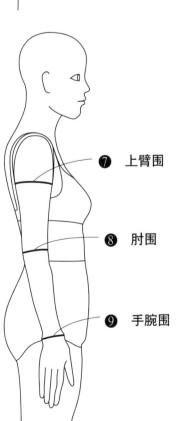

⑦ 上臂围

⑧ 肘围

⑨ 手腕围

⑩　手掌围

大拇指轻贴在掌内，沿着大拇指和另4个指底部骨突出部位围量一周。

⑩　手掌围

⑪　头围

用软尺过眉间点到后脑最突出的位置量一周。后脑部的形状因人而异，所以可在头发上触摸找出最突出点。

⑫　颈围

颈围是弧度很大的部位，可把软尺竖起来测量。

找到BNP，要找使脖子前倾的骨头（第7颈椎）的突出点。由于活动脖子时皮肤下面的第7颈椎的位置会移动，所以测量时要将头部呈耳眼水平。

SNP是没有骨骼的部位，所以必须从肌肉的位置及形状来判定该点位置。

首先用手指在人体上寻找斜方肌前端，从身体侧面和前面确认肩斜线的位置，此时肩的位置要与视线高度重合，在肩斜线上斜方肌前端，找到与脖颈的转折点，确定为SNP。

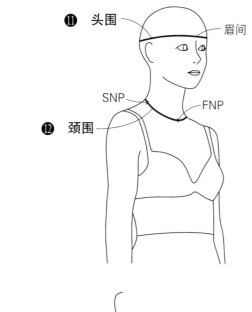

⑪　头围　眉间
SNP　FNP
⑫　颈围

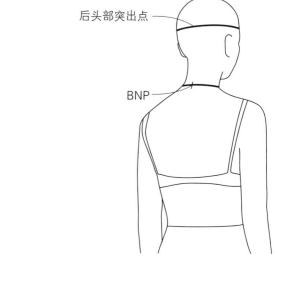

后头部突出点
BNP

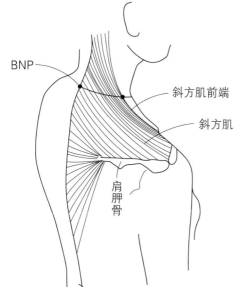

BNP　斜方肌前端
斜方肌
肩胛骨

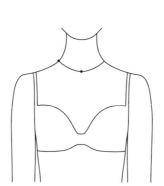

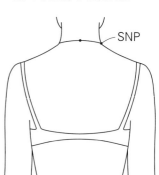

使视线的高度与SNP重合，然后寻找肩与颈转折点
SNP

⑬ 大腿围

在臀底部将软尺水平对准大腿最粗的位置测量一周。注意不要沿腹股沟侧面上抬。

⑭ 小腿围

沿小腿最粗的部位测量一周。

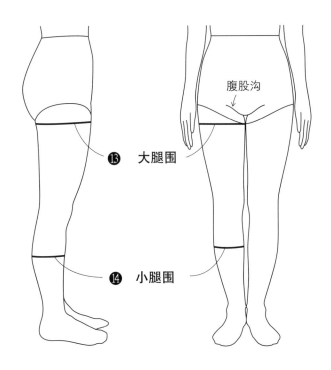

腹股沟

⑬ 大腿围

⑭ 小腿围

⑮ 背肩宽（肩宽）

将左侧 SP 对准软尺零刻度，经 BNP 时要用手压一次，再次拿起量到右侧 SP。

同时应先将头前倾找到 BNP 后，将头部保持耳眼水平，用软尺对准体表测量。

⑯ 背宽

用软尺测量左右后腋点间距。

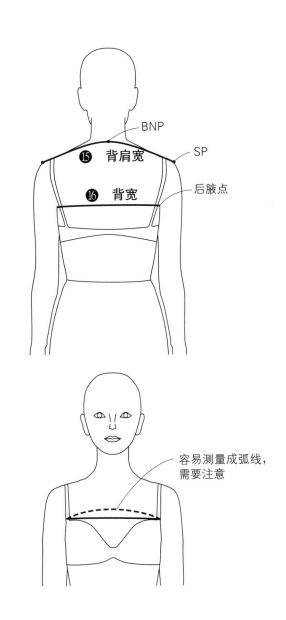

BNP

⑮ 背肩宽   SP

⑯ 背宽   后腋点

⑰ 胸宽

用软尺测量左右前腋点间距。由于胸部隆起的倾斜，如果软尺平贴体表测量，会形成向上的弯曲，尺寸会变小。

这是因为下面更接近胸部隆起，体表的长度比上面大。

用软尺的下端抵着身体测量。

⑱ BP 的间距

测量左右 BP 的间距，由于不沿着体表，所以测量从右 BP 到左 BP 的直线距离即可。

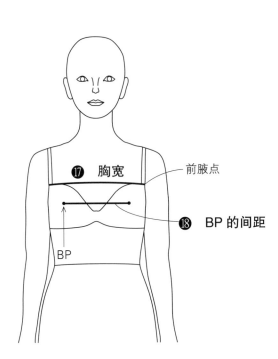

⑰ 胸宽   前腋点

⑱ BP 的间距

BP

容易测量成弧线，需要注意

❶⑨ **身高**

从头顶开始一直量到地面，用身高尺量。

❷⓪ **总长**

将软尺的零刻度对准 BNP，测量到地面的距离。

㉗ **臀高**

将软尺的零刻度对准臀部最突出的位置，量到地面的垂直距离。

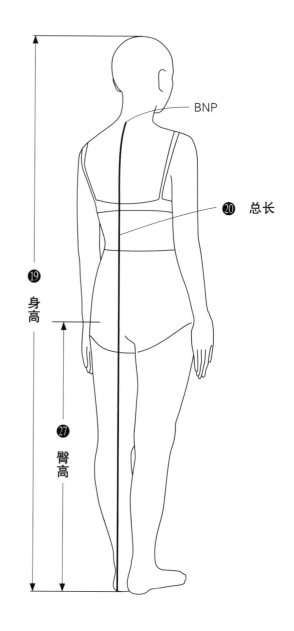

㉑ **背长**

从 BNP 开始沿着后背正中线量到腰，因这段有肩胛骨突出，量出的长度上增加 0.7~1cm 为好，或者在背部贴上一块塑料板（参照第 58 页中图 4）遮住肩胛骨突出部位进行测量。

㉒ **后长**

用软尺从 SNP 开始，经过肩胛骨最突出部位，量到正下的腰围线。

㉓ **乳高**

㉔ **前长**

用软尺贴合身体测量乳高与前长。

测量从 SNP 开始到 BP 的长度，维持按着 SNP 的状态，测量从 BP 到正下方腰围线的长度。由于 BP 向前方突出，所以测量时从 BP 到腰这一段软尺是不贴体的。

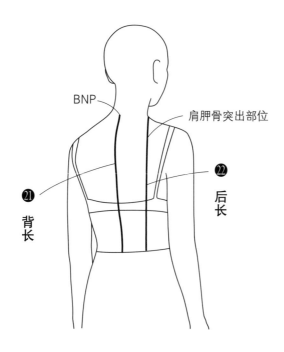

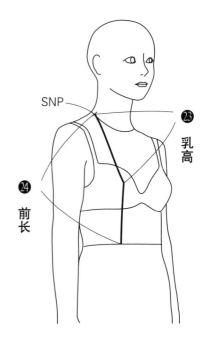

㉖ 腰高

　　将软尺的零刻度对准腰前正中位置，测量到地面的垂直长度。

　　制作裤子时测量从腰部到外脚踝的长度作为裤长。腰高测量从赤脚的地面开始，根据鞋子的高度和轮廓，决定增减裤长。

㉚ 下裆长

　　把尺子抵在大腿处，测量尺子上部（与身体接触的部分）到地面的距离。

㉛ 膝长

　　在左侧前面用软尺从腰围开始量到髌骨下端。

　　遮住膝盖还是露出膝盖，这是确定裙子长度的基准。

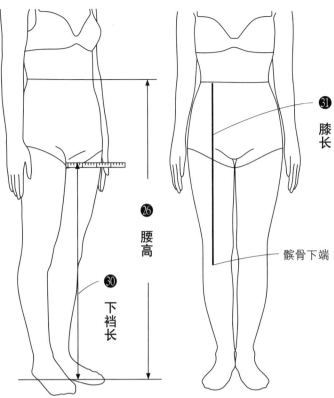

㉛ 膝长

㉖ 腰高

㉚ 下裆长

髌骨下端

㉕ 袖长

　　手臂呈自然下垂状态，测量从 SP 开始，到小指侧手腕骨头突出处的长度。

㉜ 上裆前后长

　　从前腰到后腰，用软尺穿过裆底测量，这是制作裤子时的重要尺寸，注意测量时软尺不能拉得过紧或过松。

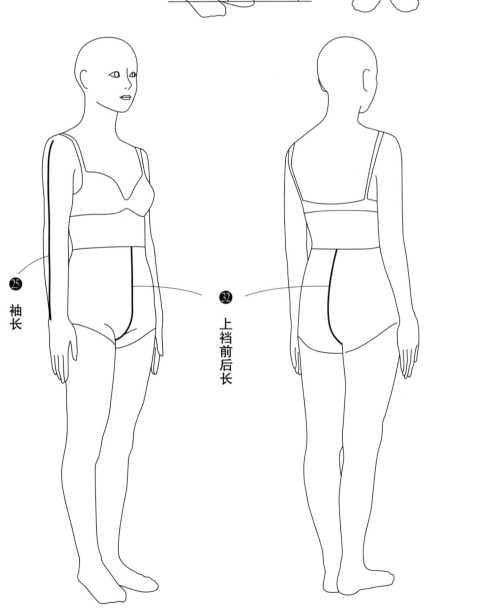

㉕ 袖长

㉜ 上裆前后长

4. 测量仪器和测量方法

人体测量是把握个人或群体形态特征的手段，可以通过人体各部位的大小、平衡、比例判断体型。

虽然目前开发了许多人体测量器材，但是都难以完全测量人体。因为人体是微妙的活动体，姿态也各不相同，所以要根据测量的目的、部位来分别采用不同测量器具，或者并用这些测量器具。另外，即使胸围同样是83cm，但其切面形状也是不一致的，譬如

乳房丰满的、体厚度大的、体扁平的胸围切面形状都不相同，所以服装的样板也不同。因此不仅是尺寸值，切面形状以及立体形态都必须把握。

这里将介绍服装制作的必需尺寸、形状数据采集所使用的测量器具和测量方法，并就所得数据做说明。

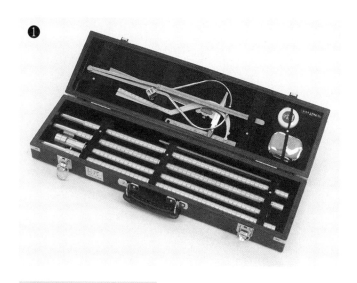

（1）马丁测量法

马丁测量仪是根据人类学家卢道夫·马丁的学说，将人体的尺寸、形态用数值来体现的测量器具（照片❶）。目前在国际上被广泛使用，可以根据需要选用不同的测量仪器。

① **身高尺**——测量从地面到测量点高度的测量仪器。与地面垂直放置，将横向标尺的前端对准测量点进行测量（照片❷）。

将身高尺的最上端装上两根横向标尺，可测量人体的宽度、厚度（照片❸）。

② **触角标尺**——如照片❹形状的测量仪器－，它可以测量与人体凹凸部位无关的厚度。

③ **定规**——用15cm定规，可测量部分直线距离。

④ **卷尺**——可测量周长、体表的长度。

除此以外，按照所需还可分别采用体重器（体脂肪器）、量角度器（量肩斜度）、角尺（量乳房深度）、皮脂厚度尺（量皮肤厚度）等。

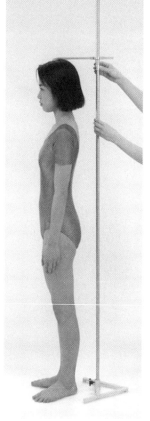

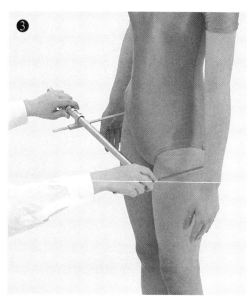

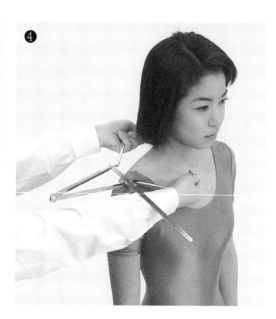

（2）滑动测量法

测量人体断面形状的器材，分为测量水平断面的横向断面型和测量矢状（正中）断面的纵向断面型两种。将想测量的身体各部位用活动棒从前后各点轻轻地点上，将断面状态记录在纸上。此时，将横断型以前后正中为基准、纵断型以前后高度为基准记录下来。测完后，将前后的记录用纸对合，完成断面形态，把这个断面形状以细小的间隔重叠后便形成人体的立体形态。

水平断面

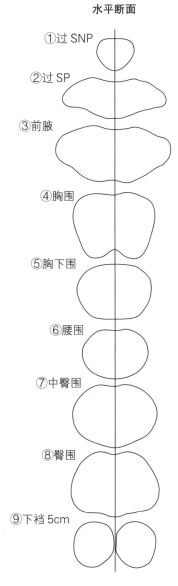

①过 SNP
②过 SP
③前腋
④胸围
⑤胸下围
⑥腰围
⑦中臀围
⑧臀围
⑨下裆 5cm

纵向断面型

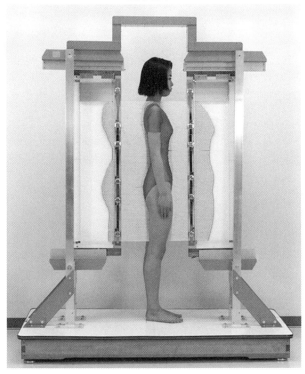

正中断面　　过胸点的矢状断面

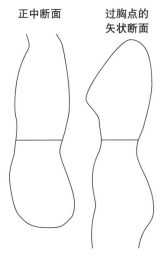
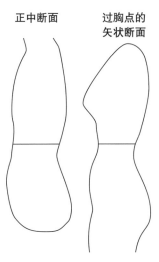

横向断面型

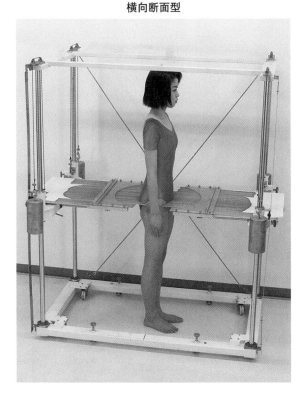

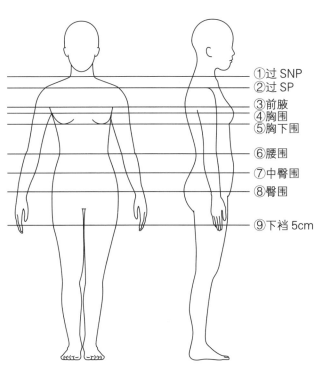

①过 SNP
②过 SP
③前腋
④胸围
⑤胸下围
⑥腰围
⑦中臀围
⑧臀围
⑨下裆 5cm

（3）石膏定型测量法

将石膏绷带浸水后，贴在人体上成形的方法。石膏模型的内侧形状与人体的皮肤形状是相同的，展开可得到人体体表形状。根据所取得的静态和动态的石膏模型，可以观察皮肤面的移动量、形状的变化，了解到与样板的关联。另外，如手臂根部、裆等用其他方法难以取得的形状也能测量出来。

用石膏塑出的人体形状
（内侧为体表）

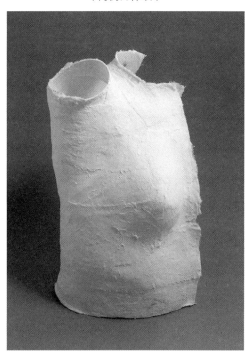

以石膏模型为基础，用纤维增强复合材料塑出人体形状（外侧为体表）

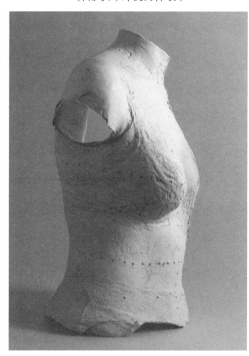

（4）自动体型摄影法

在短时间内拍摄人体的轮廓照片，是得到1/10比例照片（透视图）数据的方法，适用于观察姿态、体型及身体变形特征。为了将测量数据保存起来，还要在计算机上做处理。

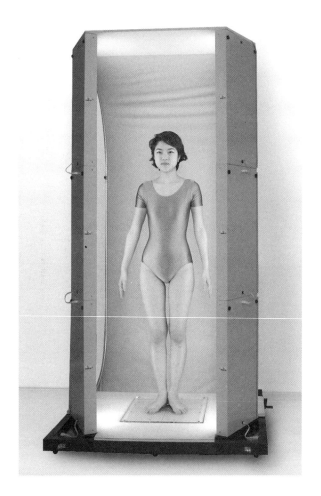

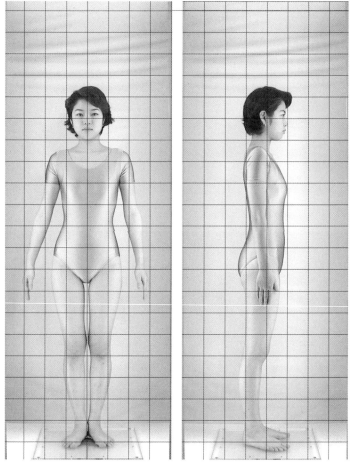

（5）三维形状测量法

这是以非接触手段在短时间内测出人体的立体形状的方法。用微弱的激光照射人体，并用照相机捕捉激光，从而测量出人体三维形状。

用专门的分析软件把测量的数值置换成图像数据，就可以计算周长、厚度、宽度，获得体表长度、断面形状。

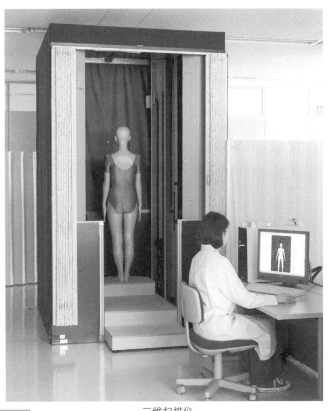

三维扫描仪

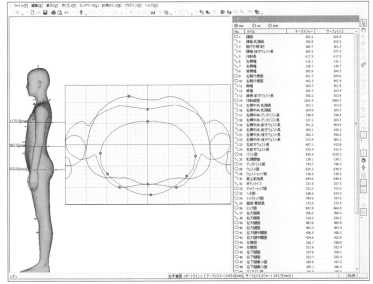

重合图与测量线一览

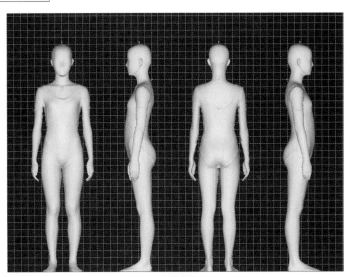

4 面测量

5. 参考尺寸

成衣制作中人体的测量数值不使用个人的数据，而必须使用平均的测量值，在此介绍以日本全国的测量结果为基础制定的日本工业规格（JIS）的尺寸表"成人女子服装用料的尺寸（JIS L 4005—2001）"。

另外，关于服装制作必需的身体各部位的尺寸，以文化服装学院的测量项目以及以 1998 年测量结果为基础的尺寸表为参考。

日本工业规格的测量是裸体测量，文化服装学院的测量是以制作外衣为目的的人体测量，是在被测者穿胸罩、短裤、紧身衣的状态下进行测量的。由于穿了胸罩，胸围尺寸比 JIS 尺寸要大。

日本工业规格（JIS）尺寸
尺寸表示的种类

尺寸表示方法的种类如下：
①体型区分表示；
②单数表示；
③范围表示。

体型区分表示

体型的区分如下表：

体　型	范　围
A 体型	将日本成人女子的身高分成 142cm、150cm、158cm 及 166cm，并将胸围尺寸 74~92cm 间隔 3cm、92~104cm 间隔 4cm 来划分，各类身高和胸围组合起来，对应出现率最高的臀围尺寸作为标准体型
Y 体型	比 A 体型臀部小 4cm 的体型
AB 体型	比 A 体型臀部大 4cm 的体型，但最大胸围是 124cm
B 体型	比 A 体型臀部大 8cm 的体型

尺寸的种类及名称

体型区分的尺寸种类名称如下表：

R	身高 158cm 的代号，普通的意思，regular 的首字母
P	身高 150cm 的代号，小的意思，petite 的首字母
PP	身高 142cm 的代号，意思是比 P 小，所以重复使用 P
T	身高 166cm 的代号，高的意思，tall 的首字母

成人女子服装用料的尺寸（JIS L 4005–2001）

注　各尺寸对应腰围的各年龄段平均值作为基础参考数据。年龄阶段划分：[10]表示16~19岁，[20]表示20~29岁，[30]表示30~39岁，[40]表示40~49岁，[50]表示50~59岁，[60]表示60~69岁，[70]表示70~79岁。

A体型：身高142cm / A体型：身高150cm　（单位：cm）

代号		5APP	7APP	9APP	11APP	13APP	15APP	17APP	19APP	3AP	5AP	7AP	9AP	11AP	13AP	15AP	17AP	19AP	21AP
人体基本尺寸	胸围	77	80	83	86	89	92	96	100	74	77	80	83	86	89	92	96	100	104
	臀围	85	87	89	91	93	95	97	99	83	85	87	89	91	93	95	97	99	101
	身高	142								150									
人体参考尺寸 腰围 年龄阶段	10	61	—	—	70	73	76	—	—	58	61	64	64	67	70	73	76	80	84
	20	61	64	67	70	73	76	—	—	58	61	64	64	67	70	73	76	80	84
	30	61	64	67	70	73	76	80	—	61	64	67	67	70	73	76	80	84	88
	40	64	67	70	73	76	80	80	88	61	64	67	67	70	73	76	80	84	88
	50	64	67	70	73	76	80	84	88	64	64	67	70	73	76	80	84	88	92
	60	64	67	70	73	76	80	84	88	64	67	70	70	73	76	80	84	88	92
	70	67	70	73	76	80	—	—	—	64	67	70	73	76	—	80	84	88	92

A体型：身高158cm / A体型：身高166cm　（单位：cm）

代号		3AR	5AR	7AR	9AR	11AR	13AR	15AR	17AR	19AR	3AT	5AT	7AT	9AT	11AT	13AT	15AT	17AT	19AT
人体基本尺寸	胸围	74	77	80	83	86	89	92	96	100	74	77	80	83	86	89	92	96	100
	臀围	85	87	89	91	93	95	97	99	101	87	89	91	93	95	97	99	101	103
	身高	158									166								
人体参考尺寸 腰围 年龄阶段	10	58	61	61	64	67	70	73	76	80	61	61	64	64	67	70	73	76	80
	20	58	61	61	64	67	70	73	76	80	61	61	64	64	67	70	73	76	80
	30	61	61	64	67	70	73	76	80	84	61	64	67	67	70	73	76	80	80
	40	61	64	64	67	70	73	76	80	84	—	64	67	67	70	73	76	80	80
	50	64	64	64	67	70	73	76	80	84	—	—	67	70	73	—	76	80	—
	60	64	—	67	70	73	76	80	84	88	—	—	70	70	73	—	—	—	—
	70	—	—	—	76	—	76	80	84	—	—	—	—	—	—	—	—	—	—

Y体型：身高142cm / Y体型：身高150cm　（单位：cm）

代号		9YPP	11YPP	13YPP	15YPP	5YP	7YP	9YP	11YP	13YP	15YP	17YP
人体基本尺寸	胸围	83	86	89	92	77	80	83	86	89	92	96
	臀围	85	87	89	91	81	83	85	87	89	91	93
	身高	142				150						
人体参考尺寸 腰围 年龄阶段	10	—	—	70	—	61	61	64	67	70	73	73
	20	—	67	70	—	61	61	64	67	70	73	76
	30	—	67	70	73	61	64	67	70	73	76	80
	40	67	67	70	73	61	64	67	70	73	76	80
	50	67	70	73	76	64	67	70	73	76	80	84
	60	67	70	73	76	64	67	70	73	76	80	84
	70	70	73	76	80	64	67	70	73	76	80	84

Y体型：身高158cm / Y体型：身高166cm　（单位：cm）

代号		3YR	5YR	7YR	9YR	11YR	13YR	15YR	17YR	19YR	5YT	7YT	9YT	11YT	13YT	15YT
人体基本尺寸	胸围	74	77	80	83	86	89	92	96	100	77	80	83	86	89	92
	臀围	81	83	85	87	89	91	93	95	97	85	87	89	91	93	95
	身高	158									166					
人体参考尺寸 腰围 年龄阶段	10	58	61	61	64	64	67	70	73	76	58	61	61	64	67	70
	20	58	61	61	64	64	67	70	73	76	58	61	61	64	67	70
	30	61	61	64	64	67	70	73	76	80	61	64	64	67	70	73
	40	61	61	64	64	67	70	73	76	80	61	64	64	67	70	73
	50	61	61	64	64	67	70	73	76	80	61	64	67	70	—	—
	60	—	—	—	—	70	73	76	80	84	61	64	67	70	—	—
	70	—	—	—	70	73	—	—	—	—	—	—	70	—	—

AB 体型：身高 142cm ／ AB 体型：身高 150cm （单位：cm）

代号		7ABPP	9ABPP	11ABPP	13ABPP	15ABPP	17ABPP	3ABP	5ABP	7ABP	9ABP	11ABP	13ABP	15ABP	17ABP	19ABP	21ABP
人体基本尺寸	胸围	80	83	86	89	92	96	74	77	80	83	86	89	92	96	100	104
	臀围	91	93	95	97	99	101	87	89	91	93	95	97	99	101	103	105
	身高	142						150									
人体参考尺寸 腰围 年龄阶段	10	—	—	—	—	—		58	61	64	67	70	73	76	80	—	
	20				73		80										
	30							61	64								—
	40		70	73	76		84	67		67	70	73	76				
	50	67												80	84	88	
	60	70	73	76	80	84	88	64	67	70	73	76	80				
	70																92

AB 体型：身高 158cm （单位：cm）

代号		3ABR	5ABR	7ABR	9ABR	11ABR	13ABR	15ABR	17ABR	19ABR	21ABR	23ABR	25ABR	27ABR	29ABR	31ABR
人体基本尺寸	胸围	74	77	80	83	86	89	92	96	100	104	108	112	116	120	124
	臀围	89	91	93	95	97	99	101	103	105	107	109	111	113	115	117
	身高	158														
人体参考尺寸 腰围 年龄阶段	10	61	61	64	67	70	70	73	76	80						
	20															
	30						73	76	80	84	—	—	—	—	—	—
	40	64	64	67	70	73	76	80	84	88						
	50															
	60	67	67	70							92					
	70		—	—	73	76	80	—	88	—						

AB 体型：身高 166cm （单位：cm）

代号		5ABT	7ABT	9ABT	11ABT	13ABT	15ABT
人体基本尺寸	胸围	77	80	83	86	89	92
	臀围	93	95	97	99	101	103
	身高	166					
人体参考尺寸 腰围 年龄阶段	10	61	64	67	70	70	73
	20						
	30					73	76
	40	64				76	80
	50		67	70	73		
	60					—	
	70	—		73	76		

B 体型：身高 150cm ／ B 体型：身高 158cm （单位：cm）

代号		5BP	7BP	9BP	11BP	13BP	15BP	17BP	19BP	7BR	9BR	11BR	13BR	15BR	17BR	19BR
人体基本尺寸	胸围	77	80	83	86	89	92	96	100	80	83	86	89	92	96	100
	臀围	93	95	97	99	101	103	105	107	97	99	101	103	105	107	109
	身高	150								158						
人体参考尺寸 腰围 年龄阶段	10	64	64	67	70	73	76	—	—	64	67	70	73	76	80	84
	20			67	70	73		80								
	30		67			76		84		67	70		76	80	84	88
	40	67					80		84	88			73			
	50		70	73	76					70						
	60						80	88		73						92
	70	—	73	76	80											

文化服装学院女学生参考数据

服装制作测量项目和标准值（文化服装学院 1998 年）

（单位：cm）

	测量项目	标准值
围度尺寸	胸围	84.0
	胸下围	70.0
	腰围	64.5
	中臀围	82.5
	臀围	91.0
	臂根围	36.0
	上臂围	26.0
	肘围	22.0
	手腕围	15.0
	手掌围	21.0
	头围	56.0
	颈围	37.5
	大腿围	54.0
	小腿围	34.5
宽度尺寸	肩宽	40.5
	背宽	33.5
	胸宽	32.5
	双乳间距	16.0
长度尺寸	身高	158.5
	总长	134.0
	背长	38.0
	后长	40.5
	前长	42.0
	乳高	25.0
	袖长	52.0
	腰高	97.0
	腰长	18.0
	上裆长	25.0
	下裆长	72.0
	膝长	57.0
其他	上裆前后长	68.0
	体重	51.0kg

第4章 样板制作基础

1. 关于平面作图和立体裁剪

服装的样板制作方法包括根据设计款式想象立体穿着状态直接在纸上绘制样板的平面作图法和直接在人台上用布进行剪裁得到样板的立体裁剪法。

平面作图以穿着者尺寸制成的原型为基础，设计服装的立体形状，也就是说，一边想象人体前、后、侧面轮廓，一边绘制纸样，然后使用面料进行裁剪缝合确认，这是一种样板制作的方法。

立体裁剪制作样板的方法是将坯布覆盖在人台上，沿着人台的曲面，将坯布纵、横丝缕线摆正之后，一边立体裁剪，一边确认设计，最后，取下布样制作样板。

平面作图和立体裁剪的区别在于：前者一边想象立体轮廓，一边绘制纸样，而后者是用视觉确定外轮廓，然后做出造型来，因此在细微表现外轮廓这一点上，立体裁剪比平面作图更有利，但是在展开布样制作平面纸样时，必须修正尺寸和曲面线条。

文化式平面作图是以能包裹人体最简单的样板研究开发的文化式原型为基础进行作图的，其特点是通过学习原型展开的方法，可以快速制作样板。

将制图简便的平面作图和容易表现面料特性的立体裁剪结合使用是最理想的方法。立体裁剪必须要具备先进的技术、视觉表现力和熟练度。

因此，作为学习初级阶段，先在此介绍使用原型的平面作图来制作样板的方法。

2. 关于原型

原型是服装平面制图的基础型，是最简单的服装样板。有根据年龄、性别区分的成人女子原型、成人男子原型、少女原型、儿童原型等。这些原型一般是指衣身的样板。袖、裙子、裤子等基本款式的样板，有时也被称为原型。

从形态上将成年女子衣身原型进行分类，大致可分成以下三大类：

① 腰合体型（为了吻合腰部尺寸，加入了腰省的原型）；

② 箱型（从胸围线到腰围线是直线外轮廓的原型）；

③ 紧身型（从胸围到臀围包裹身体、吻合身体线条的原型）。

每个原型都根据女性体型的特点采用省道来塑造胸部的隆起，省道量多的话就形成立体感强的轮廓，省道量少的话轮廓较平。像紧身原型适合进行西装类服装样板设计，正确理解原型，选用合适的原型进行样板绘制很重要。

制作原型要预先测量人体必要部位尺寸，并将其比例化，在此基础上计算出其他各部位尺寸，利用这些尺寸作出平面图形，从而得到原型。也可以用大头针将坯布在人台上别出轮廓，然后从人台上移取下来，放在平面上依轮廓线描画成样板而得到原型，这是立体裁剪的方法。

利用原型来制作服装，首先要得到合体的原型作为基础，然后根据款式设计确定衣长、宽松量和分割线等，绘制样板并进行假缝补正，完成正式样板。这就是不同款式服装样板制作的工作流程。

下面将详细介绍文化式原型制作方法。

（1）成年女子体型和服装原型的形状

设置符合体型特征的省道

肩省
符合肩胛骨圆润的
形态设置的省道

胸省
符合乳房形态
设置的省道

后

前

BL

BL

符合后腰部形
态设置的省道

符合前腰部形
态设置的省道

WL

WL

腰省

腰省

WL

WL

符合臀部突起形
态设置的省道

符合腰部突起形
态设置的省道

后

前

成年女子体型特征

① 体轴后倾角度较大
② 腹部突出
③ 乳房突出
④ 前身长较长
⑤ 臀部突出
⑥ 从侧面看后部曲线较强

（2）原型各部位名称

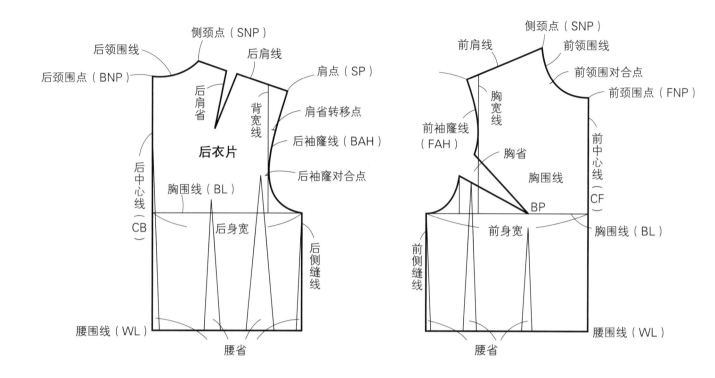

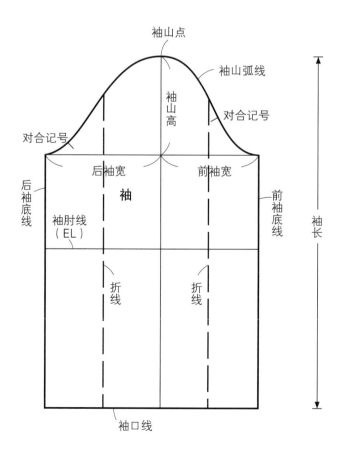

（3）文化式成年女子原型的特征

文化式衣身原型是以胸围、背长和腰围等少量尺寸为基础作图的原型。

用于作图的各部位尺寸主要以胸部尺寸为基础计算得到。这个原型是以日本成年女子（18~24岁）的标准体型（胸围80~89cm）为基准绘制出来的，是符合人体自然形态的贴体型原型，为了能立体地包裹人体，设置了省道。

穿着时人体水平的设定使腰围线在作图时保持水平。腰围线水平，因此胸围线也水平。袖子为直筒状，手臂呈自然下垂状态，布纹线垂直。

●原型中的三类省道

在适当的位置加入省道来塑造人体的立体形态。

胸省

吻合胸部形态设置的省道。

胸省的省量根据胸部的大小而变化。

省道从袖窿弧线开始绘制，可根据设计、轮廓造型等进行移动、分散和作图展开。

后肩省

塑造肩胛骨形态的省道。

肩省可根据设计、轮廓造型等进行移动、分散和作图展开。

腰省

为了配合前后身体轮廓设置的省道。

省道的位置和大小作为决定设计线时的标准非常重要。

贴合身体的原型轮廓，根据设计调整省道大小进行作图。

远离身体的原型轮廓（箱型、A型），不需要设置腰省。

●袖原型

袖原型使用袖窿形状和尺寸进行作图。

由于袖窿的形状和尺寸根据设计的不同有不同变化，所以很少像衣身原型那样作为作图的基型使用。

●各部位尺寸的计算公式

以胸围尺寸为基准算出，各部位尺寸通过与胸围尺寸的相关关系计算得到。分母数值较小的部分相关关系高，数值大的部位相关关系低。

各部位的计算式越复杂，准确度越高。

作图中计算出来的尺寸是对胸围不同的多个受试者进行试穿实验计算得到的，包括试穿后修正的部分，并将各部位的尺寸进行平均，根据与胸围尺寸的关系进行统计处理，进而考虑经验值而决定。

作图的简称

B	bust 的简称	MHL	middle hip line 的简称	BNP	beck neck point 的简称
UB	under bust 的简称	HL	hip line 的简称	SP	shoulder point 的简称
W	waist 的简称	EL	elbow line 的简称	AH	arm hole 的简称
MH	middle hip 的简称	KL	knee line 的简称	HS	head size 的简称
H	hip 的简称	BP	bust point 的简称	CF	center front 的简称
BL	bust line 的简称	SNP	side neck point 的简称	CB	center back 的简称
WL	waist line 的简称	FNP	front neck point 的简称	—	—

3. 平面作图基础

（1）示例

●工业用样板符号

工业用样板书写符号是将推档、排料和缝制顺序等简单化指示并正确表示的做法，能使各工序顺利地按规定进行。

日本工业规格（JIS）

纸样的标记符号（JIS L 0110–2001）

（Symbol Marks For Paper Pattern）

① 适应范围：此规格针对服装纸样所使用的标记和符号。

② 用语的含义：在此规格中所用的用语含义根据 JIS L 0122（缝制用语）而来。

③ 表示符号用线的种类。

根据断续形式和直线种类分，有以下三种：

① 实线：——— 连续线。

② 虚线：------ 以一定间隔规律重复短线元素的线。

③ 点划线：——–- 长短两种长度的线元素交替重复的线。

●根据线的粗细比率分。

线的粗细比较

根据线粗细比率分类	粗细比率
细线	1
粗线	2

注：在计算机中处理时，表示符号用线的粗度只用一种也可以。

裙子

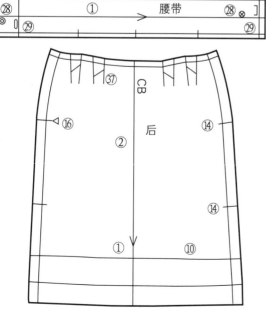

在布料样板中使用的表示符号的示例

○中的数字是表示事项的编号。

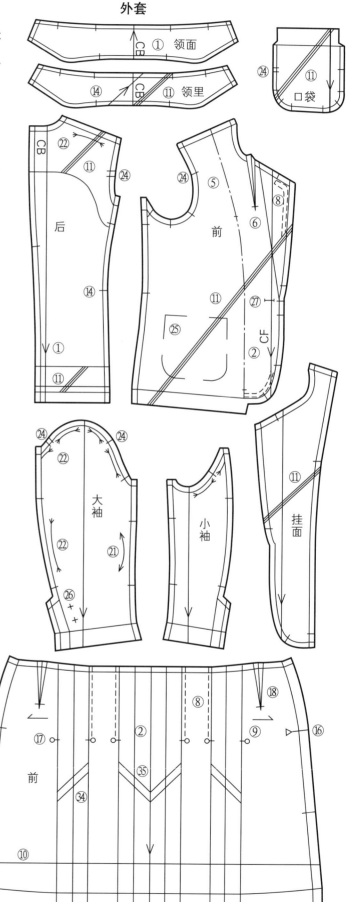

表示事项和表示符号

编号	表示事项	表示符号	说明	编号	表示事项	表示符号	说明
1	布纹线		表示布纹方向的线，又称经线。用细实线加箭头表示，箭头是单方向的	9	方向线		表示褶裥、省道倾倒方向的线。用实线加箭头表示。线尾的布压在线头的布上
2	中心线		前衣片和后衣片等样板设计中心表示用线。用实线表示。必要时，前中心线用CF（center front）标记，后中心线用CB（center back）标记	10	对花样	对花样（或）	表示对花样裁剪，在需要对花样的裁片上，写上对花样的说明并用细实线表示。或在对合点用"+"表示
3	完成线		表示样板完成的轮廓线。用细实线表示	11	黏合衬指示线		表示需要粘黏合衬的线。用三条斜线（1cm以下宽画三条）表示粘衬的大小和位置，从位置一端到另一端用实线表示
4	裁剪线		裁剪轮廓线，用粗实线表示	12	胸点	×	表示胸点（BP），用实线表示
5	贴边线		表示贴边的大小和位置。用点划线表示	13	斜丝缕方向	或	表示面料的斜丝缕方向，用细实线加箭头表示
6	对折线		表示折叠位置以及折进位置，用实线表示，必要时可注明名称	14	刀眼（轮廓线、完成线）		表示缝合时需要匹配的点，与成品线成直角，用实线表示
7	对折连裁线		表示对折连裁位置，用实线表示	15	刀眼（裁剪线）	T V 或	表示缝合时需要匹配的点，与裁剪线成直角，分为T型和V型两种，其中V型分为凹凸两种，共计三种，用实线表示
8	缉线		表示缉线的位置和形状，用虚线表示，可表示缉线的始末。2根以上缉线的时候，也可表示出缉线间距	16	拉链缝止点		表示拉链缝止的位置，在刀眼上加三角形标记，用细实线表示

编号	表示事项	表示符号	说明	编号	表示事项	表示符号	说明
17	缝止点		除缝止位置外，还表示缝起始位置、附件的夹入位置、附件的安装位置等。在刀眼上加圆圈标记，用实线表示	25	部件装缝位置	（或）	表示部件装缝的位置、大小和形状，用实线表示零件的轮廓
18	省道（完成线）		表示省道的量和位置，用实线表示。在下侧用方向线表示省道的倒向	26	纽扣装缝位置		表示钉纽扣的位置，用实线表示
19	省道（裁剪线）		表示省道的量和位置，用实线表示。在下侧用方向线表示省道的倒向。省边不能延伸到裁剪线（到轮廓线为止）。刀眼、钻孔位置并用	27	扣眼	纽扣大小 （钉扣位置）	表示扣眼的位置和大小，有时候也会标出钉纽扣的位置，用实线表示
20	抽褶		表示抽褶加入的位置，抽褶停止的位置，和刀眼并用表示，用实线表示	28	按扣安装位置	凸侧 ⊗ 凹侧 ◎	表示按扣安装位置，和凹凸侧区别，用实线表示
21	拉伸		表示拉伸的位置。用实线两端加向外的箭头表示，有刀口时，表示两刀口间部分拔开	29	挂钩和搭扣装缝位置	挂钩　搭扣	表示挂钩和搭扣的装缝位置，以及卡扣侧和钩子侧的区别。用实线表示
22	收缩		表示收缩的位置。用实线两侧加向内的箭头表示，有刀口时，表示两刀口间部分收缩	30	布衬的装缝位置（完成线）	这个位置是刀口表示的位置	表示布衬夹入的位置。刀口表示布衬装缝位置的内侧。用实线表示
23	归拢		表示归拢的位置。用实线表示，有刀口时，表示两刀口间部分收缩	31	布衬的装缝位置（裁剪线）	这个位置是刀口表示的位置	表示布衬夹入的位置。T型刀口表示布衬装缝位置的内侧。用实线表示
24	样板前后的区分	（后）　（前）	表示样板部分前后的区分，或前身侧、后身侧的区别。后面使用间隔1cm的双刀口表示，前面用单刀口表示。用实线表示	32	线衬的装缝位置		表示线衬装缝的位置和方法。用实线表示。线衬装缝好后的尺寸用附记说明

编号	表示事项	表示符号	说明	编号	表示事项	表示符号	说明
33	钻孔		表示裁剪时需要打孔的位置。用实线画十字，十字交叉处为打孔中心，画圆圈围起来表示	39	内部线		纸样设计所需的胸围线、腰围线和臀围线。用实线表示
34	单向裥		用细实线表示褶裥线山、谷，往裥的下端方向引出两根斜线，表示高的一端压在低的一端。穿着状态为横向褶裥时，穿过中心线引斜线	40	等分线		表示一条有限长度的线被分成相等长度的线条。用实线表示
35	对折裥、阴裥		用实线表示褶裥的山、谷，往裥的下端引出两根斜线，斜线高的一端压在低的一端	41	折叠、切展符号		表示省道的移动、抽褶的展开等，折叠虚线部分，切展实线部分。用实线和虚线表示
36	细裥	明裥　暗裥	用实线表示细裥缝合线，使用对称的2条斜线表示，并用方向线表示褶裥的倒向。穿着状态为横向细褶时，从中心线引出斜线	42	纸样拼合记号		表示在裁布时纸样连续。用实线表示
37	塔克（完成线）		用实线表示塔克，往下端引出一根斜线，斜线高的一端压在低的一端。穿着状态为横向褶裥时，穿过中心线引斜线	43	直角		表示直角。用实线表示
38	塔克（裁剪线）		用实线表示塔克，往下端引出一根斜线，斜线高的一端压在低的一端。穿着状态为横向褶裥时，穿过中心线引斜线。并加刀眼	44	线的交叉区别		当不同纸样部分相交时，每条线表示属于哪个部分。用实线表示

制图表示符号（文化式）

为使平面作图容易理解而设定的符号。

表示事项和表示符号

表示事项	表示符号	说明	表示事项	表示符号	说明
基础线		为引出目的线所设置的向导线，用细实线或虚线表示	线的交叉区别标记		表示左右纸样的线交叉的符号，用细实线表示
等分线		表示一条有限长度的线被分成相等长度的线条，用实线或虚线表示	布纹线		箭头的方向表示面料的经向，用粗实线表示
完成线		纸样完成的轮廓线，用粗实线或粗虚线表示	斜丝缕方向		箭头的方向表示面料的斜丝缕方向，用粗实线表示
贴边线 / 挂面线		表示装贴边的位置和大小尺寸，用粗点划线表示	绒毛的方向	顺毛　逆毛	在有绒毛方向或者光泽的面料上表示绒毛的方向
对折连裁线		表示对折连裁的位置，用粗虚线表示	拉伸标记		表示拉伸的位置
翻折线		表示折边的位置或折进的位置，用粗虚线表示	缩缝标记		表示缩缝的位置
缉线		表示缉线的位置和形状，缉线的始终端，用细虚线表示	归拔标记		表示归拔的位置
胸点（BP）	×	胸高点的标记，用细实线表示	折叠切展标记	切展打开 闭合折叠	表示纸样折叠和切展
直角标记		直角的标记，用细实线表示	不同纸样拼合标记		表示裁布时样板拼合裁剪的符号

80

表示事项	表示符号	说明	表示事项	表示符号	说明
对合符号		对位标记。两片衣片拼缝时为防止错位而作的符号	活褶		往褶的下端方向引一根斜线,表示高的一端压在低的一端上面
单褶		朝褶的下端方向引两根斜线,表示高的一端压在低的一端上面	纽扣		表示纽扣的位置
对褶		同上	扣眼		表示扣眼的位置

（2）比例尺的使用方法

比例尺是进行比例制图时用的尺子，有 1/2、1/4、1/5 三种比例。比例尺采用透明的硬塑料制成，有 5cm 的方格和最小 0.5cm 的刻度，中间常有云形、弧形和纽扣形等挖空形状。下面将在原型、衬衫和裙子中举例说明用它画连线、弧线的使用方法。

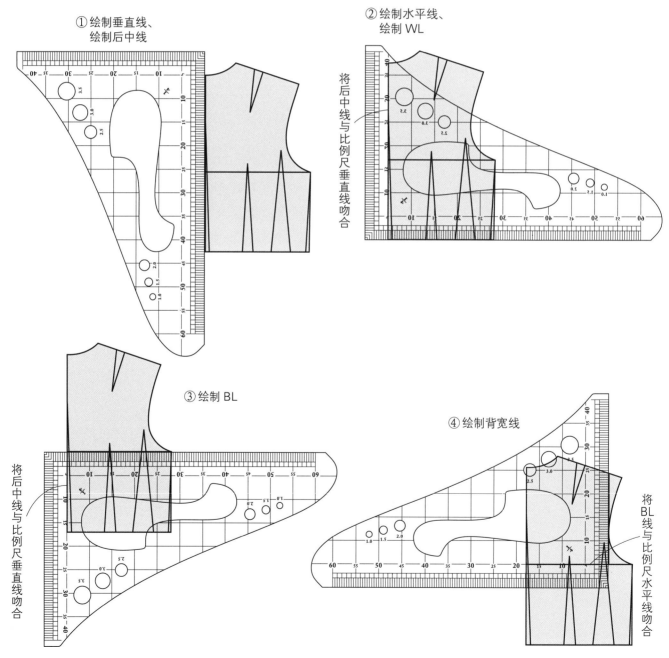

绘制弧线时使用
纽扣尺寸
绘制水平线、垂直线
纽扣尺寸
领圈袖窿
绘制领圈、袖窿、袖山弧线时使用
绘制腰带宽度时使用
（1/4 比例图用）

● 衣身原型的基础线绘制方法

① 绘制垂直线、绘制后中线

② 绘制水平线、绘制 WL

将后中线与比例尺垂直线吻合

③ 绘制 BL

将后中线与比例尺垂直线吻合

④ 绘制背宽线

将 BL 线与比例尺水平线吻合

●肩线、胸省的绘制方法

使用量角器

测量前肩倾斜的角度

测量后肩倾斜的角度

测量胸省的角度

●轮廓线的绘制方法

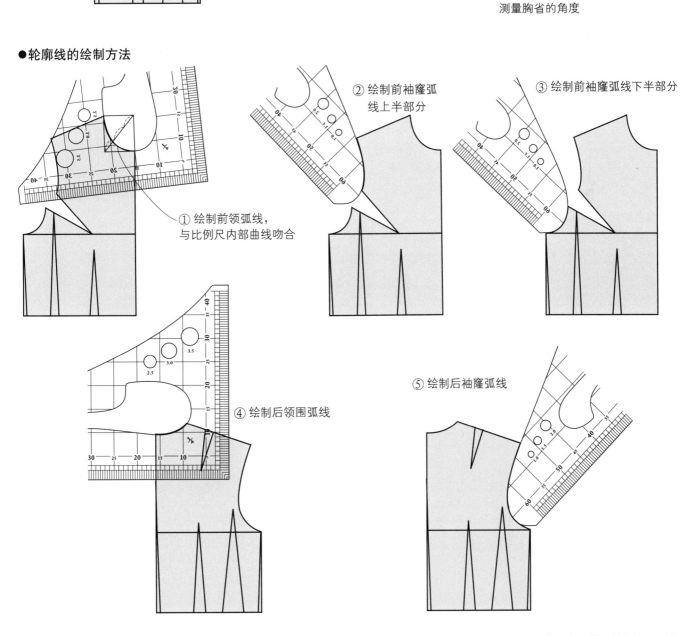

① 绘制前领弧线，与比例尺内部曲线吻合

② 绘制前袖窿弧线上半部分

③ 绘制前袖窿弧线下半部分

④ 绘制后领围弧线

⑤ 绘制后袖窿弧线

●袖原型的绘制方法

水平绘制Ⓖ线

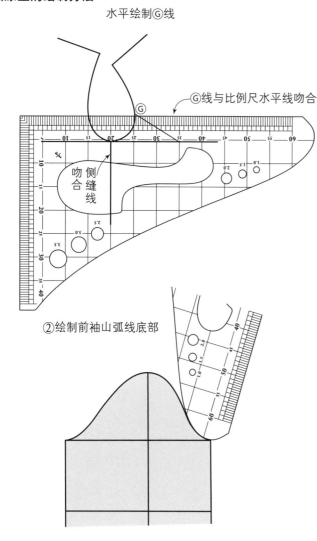

Ⓖ线与比例尺水平线吻合

①绘制前袖山弧线

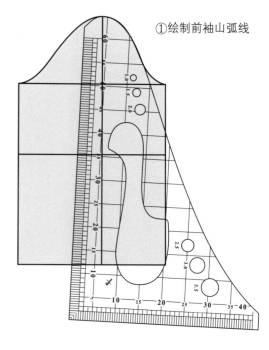

②绘制前袖山弧线底部

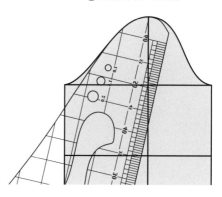

③绘制后袖山弧线

●省道的绘制方法

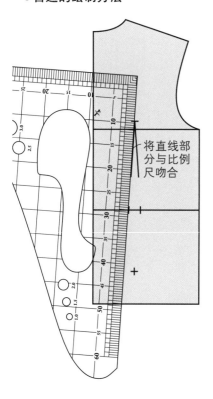

将直线部分与比例尺吻合

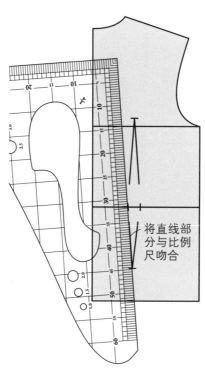

将直线部分与比例尺吻合

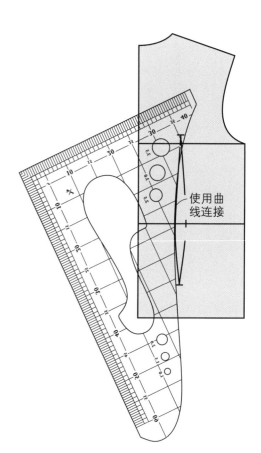

使用曲线连接

●裙的绘制方法

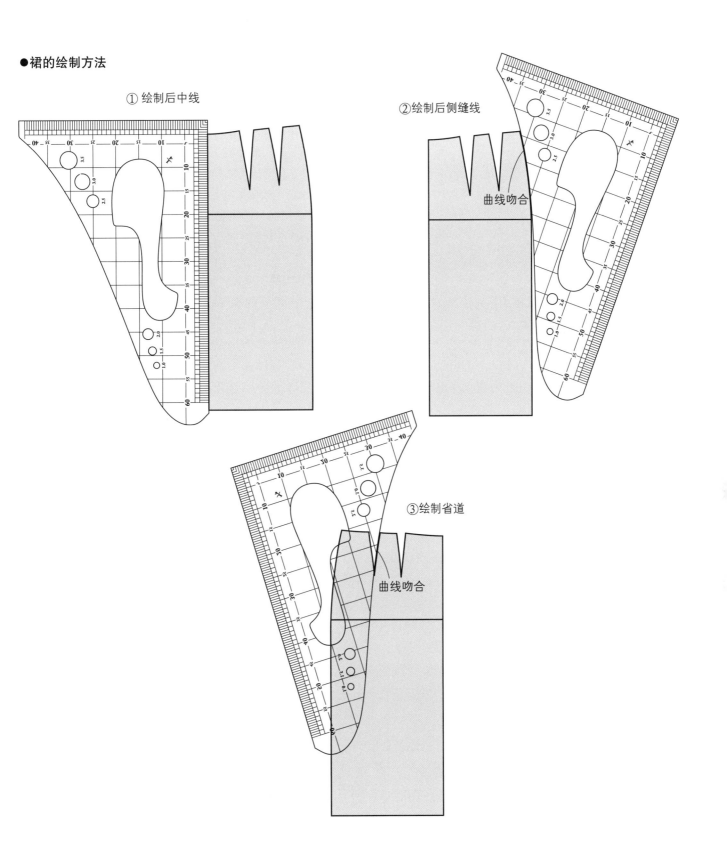

① 绘制后中线

②绘制后侧缝线

曲线吻合

③绘制省道

曲线吻合

（3）文化式成人女子原型的绘制方法

尺寸：胸围　83cm　　背长　38cm
　　　腰围　64cm　　袖长　52cm

作图中各部位的尺寸均以第 90 页中的一览表作为参考。

●衣身原型
衣身作图基础线的绘制

按①~⑭的顺序正确作图，记入 A~G 点，画等分线。

① 从Ⓐ往下，取背长作为后中心线。

② 在 WL 上取 B/2+6cm（身宽）。

③ 在后中心线从Ⓐ点往下取 B/12+13.7cm 作为 BL 的位置。

④ 作出前中心线并在 BL 位置上画出水平线。

⑤ 从后中心线起在 BL 上取 B/8+7.4cm（背宽）作为Ⓒ点。

⑥ 从Ⓒ点向上作垂线，作为背宽线。

⑦ 从Ⓐ点作水平线，与背宽线成长方形。

⑧ 从Ⓐ点往下 8cm 画水平线，和背宽线相交于Ⓓ点，并将后中心线到Ⓓ点之间二等分，从二等分处往背宽线处偏 1cm 作为Ⓔ点。这是肩省的向导点。

⑨ 从前中心的 BL 起向上取 B/5+8.3cm 作为Ⓑ点。

⑩ 从Ⓑ点画水平线。

⑪ 从前中心线开始在 BL 上取 B/8+6.2cm（胸宽），并在胸宽二等分点处往侧缝方向 0.7cm 作为 BP。

⑫ 加入胸宽线，画长方形。

⑬ 在 BL 的胸宽线上往侧缝方向取 B/32 作为Ⓕ点，从Ⓕ点垂直向上，Ⓒ和Ⓓ的二等分点往下 0.5cm 处设水平线，交于点Ⓖ，这个水平线为Ⓖ线。

⑭ 在Ⓒ和Ⓕ点之间二等分处向下作侧缝线。

绘制领围线、肩线、袖窿的轮廓线，绘制省道

1）绘制前领围线

从Ⓑ点起在水平线上取 B/24+3.4cm=◎（前领围宽），此点为 SNP。然后从Ⓑ点起垂直向下取◎+0.5cm（领围深）画长方形，长方形对角线分成三等份，1/3 等分点往下 0.5cm 作为向导点，画顺前领围线。

2）绘制前肩线

将 SNP 作为基点，对水平线取 22° 作为前肩斜线，在与胸宽线的交点处往外延长 1.8cm，画前肩线。

3）绘制胸省和前袖窿上部线

将Ⓖ点和 BP 连接，在这条线上用（B/4−2.5）°的角度取胸前量。省的两侧长度相等，从前肩头连接胸宽线画前袖窿。

基础线

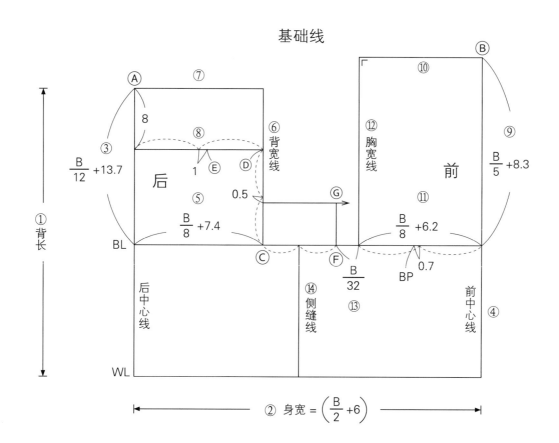

4）绘制前袖窿底

将F点和侧缝之间三等分，然后在 45° 的线上取 1/3 等分量 +0.5cm（▲ +0.5cm），作为向导点，连接G点到侧缝线，画顺前袖窿底线。

5）绘制后领围线。

从A点起在水平线上取◎ +0.2cm（后领围宽），分成三等份，取一等份高度垂直向上的位置作为 SNP，再画顺后领围。

6）绘制后肩线

以 SNP 为基点作水平线，取 18° 的后肩斜度作后肩线。

7）加入后肩省

按前肩宽的尺寸加入肩省（B/32–0.8cm），得到后肩宽尺寸。在E点往上垂直延伸和肩线交点处起往 SP 侧取 1.5cm 作为肩省的位置。

8）绘制后袖窿线

从C点起 45° 的线上取▲ +0.8cm 作为向导点，再从后肩点起连接背宽线沿着向导点画顺后袖窿线。

9）绘制腰省

省 a——BP 下。

省 b——从F点起往前中心 1.5cm。

省 c——侧缝线。

省 d——背宽线与 G 线的交点处往后中心 1cm。

省 e——从E点往后中心 0.5cm。

省 f——后中心。

通过这些点画垂直线作为省的中心线。各省的量是相对总省量的比例来计算的。

总省量为身宽 –（W/2+3cm）。

省量参考以下表格。

腰省量分布一览表

（单位：cm）

总省量	f	e	d	c	b	a
100%	7%	18%	35%	11%	15%	14%
9	0.630	1.620	3.150	0.990	1.350	1.260
10	0.700	1.800	3.500	1.10	1.500	1.400
11	0.770	1.980	3.850	1.210	1.650	1.540
12	0.840	2.160	4.200	1.320	1.800	1.680
12.5	0.875	2.250	4.375	1.375	1.875	1.750
13	0.910	2.340	4.550	1.430	1.950	1.820
14	0.980	2.520	4.900	1.540	2.100	1.960
15	1.050	2.700	5.250	1.650	2.250	2.100

轮廓线

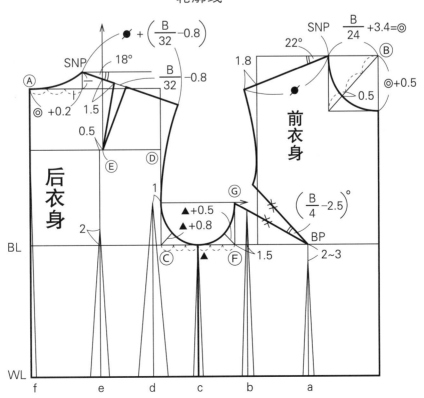

不使用量角器作图时肩斜度和胸省的计算方法

确定前后肩斜度的绘制方法

●**前肩斜度**

从 SNP 向左画水平线并取 8cm，过垂直往下 3.2cm 的位置，连接 SNP 并延长为前肩线。

●**后肩斜度**

从 SNP 向右画水平线取 8cm，然后过垂直向下 2.6cm 的位置，连接 SNP 并延长为后肩线。

胸省的绘制方法

将Ⓖ点和 BP 连接，从Ⓖ点取 B/12-3.2cm 作为胸省的量。

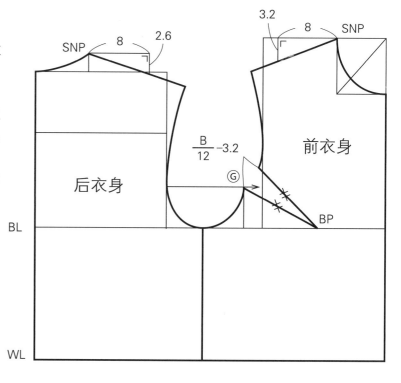

胸省量一览表（不使用量角器时的计算式）

（单位：cm）

B	77	78	79	80	81	82	83	84	85	86	87	88	89	90	91	92	93	94	95	96	97	98	99	100	101	102	103	104
胸省量	3.2	3.3	3.4	3.5	3.6	3.6	3.7	3.8	3.9	4.0	4.1	4.1	4.2	4.3	4.4	4.5	4.6	4.6	4.7	4.8	4.9	5.0	5.1	5.1	5.2	5.3	5.4	5.5

●**袖原型**

袖原型以衣身的袖窿（AH）尺寸和形状为基础作图

1）将袖窿拷贝到另一张纸上

画衣身的 BL 线、侧缝线，拷贝后肩点到袖窿线、背宽线，画Ⓖ线水平线。然后拷贝前片Ⓖ线到侧缝线的袖底线，按住 BP 点旋转关闭袖窿省，拷贝从肩点开始的前袖窿线。

2）确定袖山高度，画袖长

将侧缝往上延长作为袖山线，并在此线上决定袖山高度。袖山的高度是前后肩点高度差的 1/2 到 BL 的 5/6。从袖山点取袖长尺寸画袖口线（参考第 89 页）。

袖山高确定方法

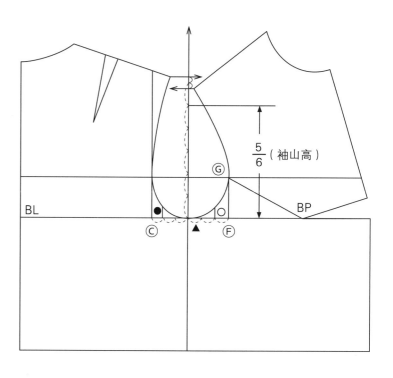

3）取袖窿尺寸作袖山斜线并确定袖宽

　　从袖山点开始，取前 AH 尺寸至前 BL 上绘制斜线，取后"AH 尺寸 +1cm + ★"至后 BL 上绘制斜线，然后从前后的袖宽点向下画袖底线。

4）画袖山弧线

　　把衣身袖窿底的●与○之间的曲线分别拷贝到袖山弧底前后。前袖山弧线是从袖山点起，在斜线上取前 AH/4 的位置处并在斜线上垂直抬高 1.8~1.9cm 的高度后连线画成凸弧线，接着在斜线和 G 线的交点往上 1cm 处渐变成凹弧线连接并画顺。同样地，后袖山弧线是取前 AH/4 的位置往上 1.9~2.0cm 连线形成凸弧线，在斜线和 G 线交点往下 1cm 处渐变成凹弧线连接并画顺。

5）画袖肘线

　　取"1/2 袖长 +2.5cm"确定袖肘位置画袖肘线（EL）。

6）加入袖折线

　　将前后袖宽各自二等分，加入折线，并分别将袖山弧线拷贝到折线内侧，确认袖底曲线。

7）加入袖窿线、袖山弧线的对位记号

　　取前袖窿线的侧缝线到 G 点的相同尺寸在前袖底线作对位记号，后侧的对位记号是取袖窿底、袖底线的●位置处。从对位记号起到袖底线，前后均不加入缩缝量。

关于袖山的缩缝量

　　袖山弧线尺寸要比袖窿尺寸多 7%~8%，这些差便是缩缝量。

　　这个缩缝量是为装袖所留的，也是为了满足人体手臂的形状。袖山的缩缝量能使衣袖外形富有立体感。

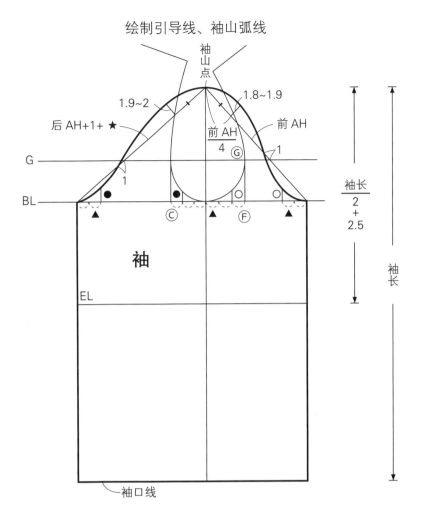

绘制引导线、袖山弧线

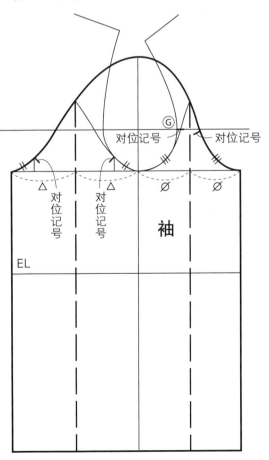

绘制翻折线、袖窿线，加入袖山、袖窿对位记号

各部位尺寸一览表

（单位：cm）

B	身宽 $\frac{B}{2}+6$	Ⓐ~BL $\frac{B}{12}+13.7$	背宽 $\frac{B}{8}+7.4$	BL~Ⓑ $\frac{B}{5}+8.3$	胸宽 $\frac{B}{8}+6.2$	$\frac{B}{32}$	前领宽 $\frac{B}{24}+3.4=◎$	前领深 $◎+0.5$	胸省（度）$(\frac{B}{4}-2.5)°$	胸省（cm）$\frac{B}{12}-3.2$	后领宽 $◎+0.2$	后肩省 $\frac{B}{32}-0.8$	★ ★
77	44.5	20.1	17.0	23.7	15.8	2.4	6.6	7.1	16.8	3.2	6.8	1.6	0.0
78	45.0	20.2	17.2	23.9	16.0	2.4	6.7	7.2	17.0	3.3	6.9	1.6	0.0
79	45.5	20.3	17.3	24.1	16.1	2.5	6.7	7.2	17.3	3.4	6.9	1.7	0.0
80	46.0	20.4	17.4	24.3	16.2	2.5	6.7	7.2	17.5	3.5	6.9	1.7	0.0
81	46.5	20.5	17.5	24.5	16.3	2.5	6.8	7.3	17.8	3.6	7.0	1.7	0.0
82	47.0	20.5	17.7	24.7	16.5	2.6	6.8	7.3	18.0	3.6	7.0	1.8	0.0
83	47.5	20.6	17.8	24.9	16.6	2.6	6.9	7.4	18.3	3.7	7.1	1.8	0.0
84	48.0	20.7	17.9	25.1	16.7	2.6	6.9	7.4	18.5	3.8	7.1	1.8	0.0
85	48.5	20.8	18.0	25.3	16.8	2.7	6.9	7.4	18.8	3.9	7.1	1.9	0.1
86	49.0	20.9	18.2	25.5	17.0	2.7	7.0	7.5	19.0	4.0	7.2	1.9	0.1
87	49.5	21.0	18.3	25.7	17.1	2.7	7.0	7.5	19.3	4.1	7.2	1.9	0.1
88	50.0	21.0	18.4	25.9	17.2	2.8	7.1	7.6	19.5	4.1	7.3	2.0	0.1
89	50.5	21.1	18.5	26.1	17.3	2.8	7.1	7.6	19.8	4.2	7.3	2.0	0.1
90	51.0	21.2	18.7	26.3	17.5	2.8	7.2	7.7	20.0	4.3	7.4	2.0	0.2
91	51.5	21.3	18.8	26.5	17.6	2.8	7.2	7.7	20.3	4.4	7.4	2.0	0.2
92	52.0	21.4	18.9	26.7	17.7	2.9	7.2	7.7	20.5	4.5	7.4	2.1	0.2
93	52.5	21.5	18.0	26.9	17.8	2.9	7.3	7.8	20.8	4.6	7.5	2.1	0.2
94	53.0	21.5	19.2	27.1	18.0	2.9	7.3	7.8	21.0	4.6	7.5	2.1	0.2
95	53.5	21.6	19.3	27.3	18.1	3.0	7.4	7.9	21.3	4.7	7.6	2.2	0.3
96	54.0	21.7	19.4	27.5	18.2	3.0	7.4	7.9	21.5	4.8	7.6	2.2	0.3
97	54.5	21.8	19.5	27.7	18.3	3.0	7.4	7.9	21.8	4.9	7.6	2.2	0.3
98	55.0	21.9	19.7	27.9	18.5	3.1	7.5	8.0	22.0	5.0	7.7	2.3	0.3
99	55.5	22.0	19.8	28.1	18.6	3.1	7.5	8.0	22.3	5.1	7.7	2.3	0.3
100	56.0	22.0	19.9	28.3	18.7	3.1	7.6	8.1	22.5	5.1	7.8	2.3	0.4
101	56.5	22.1	20.0	28.5	18.8	3.2	7.6	8.1	22.8	5.2	7.8	2.4	0.4
102	57.0	22.2	20.2	28.7	19.0	3.2	7.7	8.2	23.0	5.3	7.9	2.4	0.4
103	57.5	22.3	20.3	28.9	19.1	3.2	7.7	8.2	23.3	5.4	7.9	2.4	0.4
104	58.0	22.4	20.4	29.1	19.2	3.3	7.7	8.2	23.5	5.5	7.9	2.5	0.4

前述原型适合以胸围 80~89cm 为中心的人体尺寸，尺寸表以外的情况按身宽的松量（6cm）加减。

（4）胸围尺寸大时部分修正方法

图 1

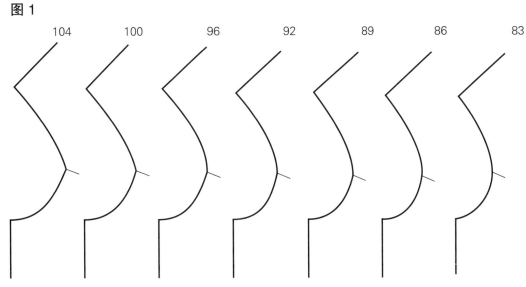

文化式服装原型适合胸围为 80~89cm 的人体尺寸，比其小的和大的尺寸（胸围尺寸 104cm 左右）可通过穿着实验算出各部位尺寸。

但是任何方法都难以覆盖各种体格、体型，特别是在尺寸变大的情况下，需要进行部分修改或追加尺寸。

① 前袖窿的修正法。

胸围尺寸变大时，胸省量变大，胸省关闭时袖窿线就不能流畅地连接起来，会出现角度。所以要如图 2 那样修正，通常当胸围大于 92cm 时就有必要进行修正。

② 后袖宽的决定方法。

随着胸围尺寸增大，后袖窿为规定尺寸（AH + 1cm），后袖宽不足，从胸围 85cm 以上后袖窿都要追加尺寸（★，参见 90 页一览表）。

图 2

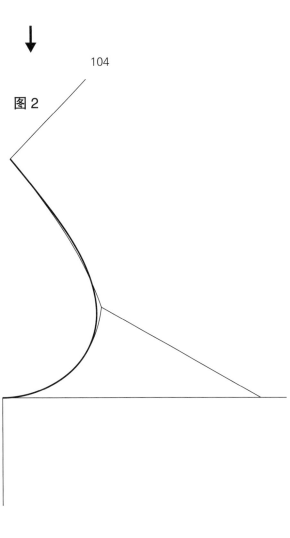

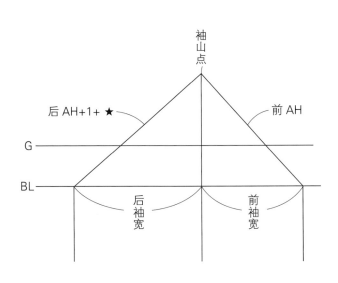

4. 体型和原型

（1）体型和原型的匹配

即使人体测量的尺寸相同，体型也存在着个体差异，几乎没有体型完全相同的人。

由于原型中附加了日常动作所必需的松量，有一定程度的允许量，所以才能够适合近似标准的体型。

用平面作图来制作样板，是以这个原型为基础的，制作其他品种的款式样板时优先采用符合体型的原型。因此，可将原型假缝做立体造型的样衣试穿，然后检查是否合体，对不合体之处必须进行修正。

（2）原型的缝合方法

使用假缝用白坯布。

后肩线的修正

后肩线要进行省闭合状态的连接线修正，调整到与前肩线相同的尺寸（图1）。

布纹线

横向布纹线为胸围线，纵向布纹线后片以肩省和不通过腰省为基准，前片为侧颈点的位置。

作印记的方法

作完成线、省道线、布纹线的印记。要用容易辨别颜色的双面复写纸在布的两面作好印记。这是因为在缝合时用反面的印记，补正时用正面的印记作基准。

图 1

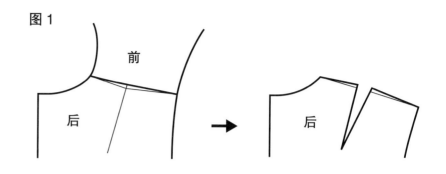

缝份设置的方法

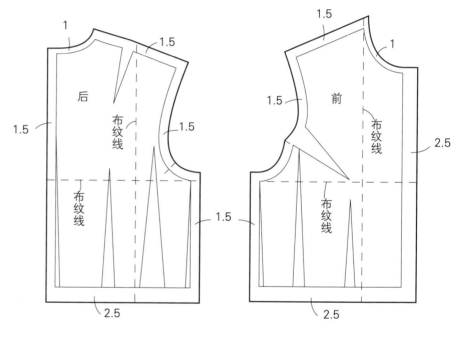

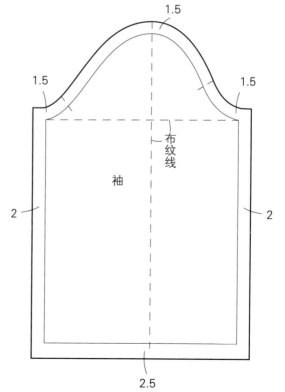

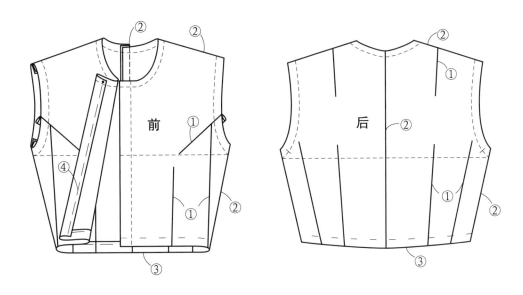

假缝顺序

　　用单根纱线平缝或暗缝。

衣片

　　① 缝省。

　　缝腰省、肩省、胸省。腰省肩省倒向中心，胸省倒向下侧。

　　② 缝后中、肩缝、侧缝。

　　将后中的缝份倒向右侧，肩缝份倒向后片，侧缝缝份倒向前片。

　　③ 折进下摆。

　　④ 折进前襟。

袖

　　① 缝袖山。

　　② 缝袖底。将缝份倒向后袖侧。

　　③ 将袖口向上折进。

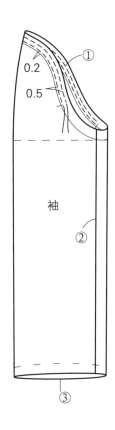

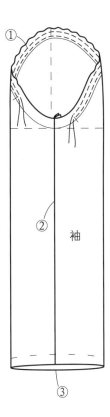

（3）原型的试穿和检查方法

原型试穿检查时，必须理解何为正确的适体状态。

右边照片是不同胸围（尺寸）的模特穿着原型的状态，显示了面料没有因缠绕、扭曲等因素而歪斜，与身体正确吻合的状态。可以作为试穿补正的参考。

下面说明正确的试穿检查的方法。

试穿者穿内衣（胸罩），将BNP后领围对准人体正确位置，对准前中心线后用大头针别上，接着做如下检查：

① 领围线贴合颈围，无浮余量。

② 袖窿线位于手臂根部或者袖窿位置与设定位置一致，没有太宽松或紧固体表的压迫感。袖窿底（BL）离腋窝最下端约2cm。

③ 从侧面看腰线呈水平状态。

④ 从前面、后面、侧面看，背宽、胸宽、侧宽的平衡吻合于体型，从侧面看，纵向布纹线没有歪斜。

⑤ 肩线与肩棱线吻合，沿肩倾斜。

⑥ 从侧面看，腰线离身体距离相同。

⑦ 整体上看没有斜向褶皱和偏移，布纹线水平、竖直、无牵吊痕，布纹直而合体。

⑧ 从前、后、侧面观察袖子布纹线正确。

如果以上各项符合，就可以认为衣身原型是符合体型的原型。

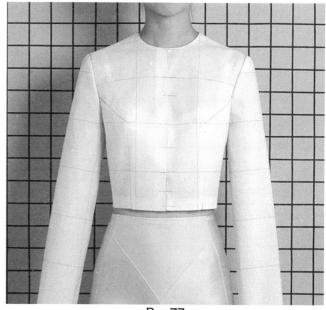

B = 77

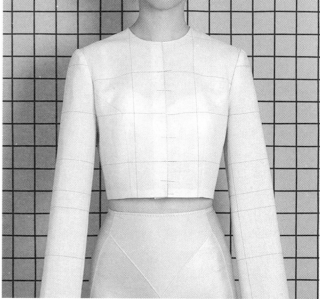

B = 83

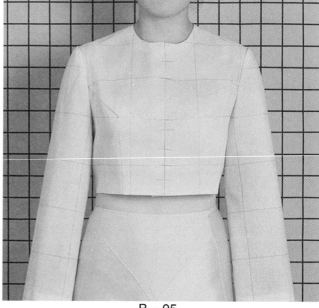

B = 95

（4）原型的补正方法

不适应体型的部位，要采用以下方法进行补正。

以 BNP 不移动作为原则（不变更背长），按下面的①～⑥的顺序检查补正。

① 前长、后长——腰围线水平。

② 肩缝份——肩倾斜、肩省量，前后领宽和领围线——SNP 位置、领围线。

③ 胸省——根据乳房大小而定的省量和位置。

④ 腰省——因体轴倾斜的不同而定的省量。

⑤ 袖窿——袖窿深度、袖窿线、袖窿尺寸。

⑥ 袖——装袖线、装袖方法。

试穿补正通常以右衣身为主，左右差别大时左右衣身都要补正，按尺寸大的作最后补正线，特别是肩斜、肩胛骨的隆起部位左右差别大的体型。

前长、后长、胸省补正

将从侧面看腰围线呈水平作为原则。以原型为基础进行作图时，原型的腰围线呈水平，从这里开始延伸线条作为基础的腰围线也必须是水平的。

前长不足，腰围线往上时，应拆开侧缝线，追加前长至前后腰围线水平，用大头针固定侧缝，前袖窿。一般将前长追加的量加在 BL 以上。

前长过长时，在胸围省上方的位置将多余的量沿布纹平行捏住，用大头针固定。

接着要观察胸省量是否符合乳房大小。乳房丰满者，由于胸省的量不足，前袖窿会产生浮余量，可将此量捏起，用大头针固定，追加省量并确定省尖是否吻合 BP 位置。乳房小的情况，由于胸省量过多，袖窿线会过多向手臂贴附，BP 周围浮起明显，应减少胸省量，分别从省尖开始往前中心平行将浮余量捏起，用大头针固定好。也有在样板的胸围线上将多余的量折叠作补正的方法。

肩线的补正

肩线修正，领围宽前后不均衡的情况下，将 SNP 的位置平移，但高度尽量不变。

肩省量、肩斜度的补正在不要拆到 SNP 情况下进行。将 SNP 的位置作高度补正，背长尺寸也会变长，随之后领围、前领围、胸围线的位置也会移动。

确认前后领围线是否自然地顺着颈部。

腰省的补正

由于体轴的倾斜而导致省量的补正。对倾斜度大的体型，后衣片省量（d）、（e）的量要增多，前片的省量（a）、（b）要减少些。对倾斜度小的体型，后片（d）、（e）的省量要减少，前片（a）、（b）的省量要增多（参见第 87 页原型腰省）。从侧面观察，腰围前后松量要平衡。追加时，将需要增加的量用大头针固定，减少时，放出省量进行补正。

袖窿线补正

在离腋窝最下端 2cm 处补正袖窿底（把 2cm 宽的尺放在侧缝水平线上，上端连接腋窝最下端，并在此下端作标记确定袖窿的深度）。

补正结束后将补正线记录到样板上，并确认各部位的尺寸。需要确认前后侧缝长尺寸、前后肩线尺寸、前后袖窿尺寸的平衡（前后差为 1cm）。另外袖窿省、肩省的量补正后，要折叠省后重新修正完成线。

用补正过的样板再次假缝做样衣并试穿，确认补正是否正确，之后再制作袖原型。

装袖

缝合袖原型时（参照第 93 页），首先加入缩缝量绗缝袖山，对合前后袖山与袖窿的对位记号，并将袖山的缩缝量均衡地分配，用大头针固定后装袖。

手臂呈自然下垂状态时检查装袖线和袖位置。从前、后、侧面观察布纹是否有牵拉以及有无扭曲、布纹纵向、横向是否正确。如布纹牵拉、歪斜时，要将其部分拆开补正。

后面列举几个不同体型的补正方法。

（5）不同体型的补正方法

　　人的体型都各有微妙的差异，仅仅靠某一处的补正是不够的，常常是多处都需要补正。

　　在此将原型穿在各类体型的人体上，根据体型的特征进行补正，然后比较补正前后的原型，并将最终补正方法在样板上进行说明。

1）平肩

　　臂根位置在平均位置上方、肩倾斜度小的体型为平肩。平肩由于 SP 高，颈部就显短。

　　此处前长、胸宽也不足。

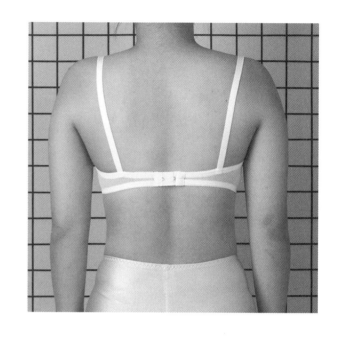

原因和结果

　　● 前后的袖山肩点抬高后，产生背面余量，胸宽和前长不足。

补正前　　　　　　　　　　　　　　　　　　　　　　　　补正前

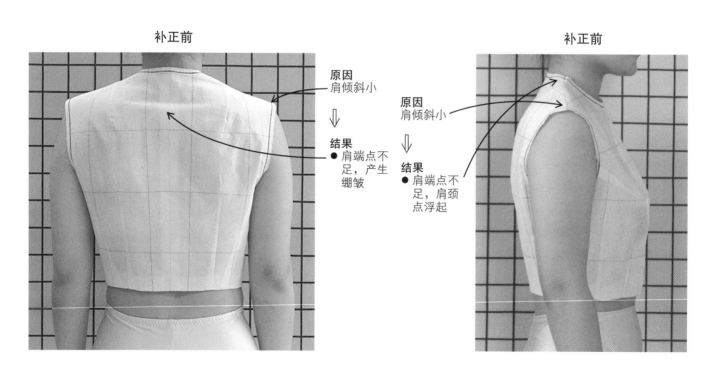

原因
肩倾斜小
⇩
结果
● 肩端点不足，产生绷皱

原因
肩倾斜小
⇩
结果
● 肩端点不足，肩颈点浮起

补正方法

● 在前后肩点处追加不足量。

● 拆开侧缝。在腰线水平状态下追加前长，在背面将余量捋到胸围线上，将肩点追加量用于抬高袖底。

坯布上的补正

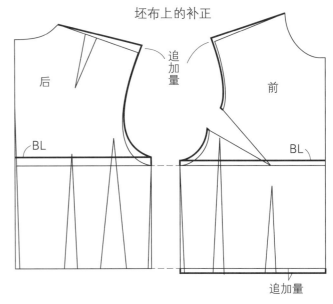

补正后

样板最终修正结果

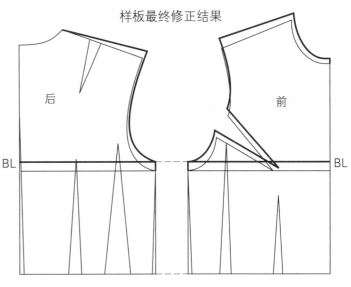

2）斜肩、乳房丰满

臂根位置低于平均位置，肩的斜度大的体型为斜肩。

斜肩者的 SP 位置低，颈部显长，前胸乳房丰满而前突。

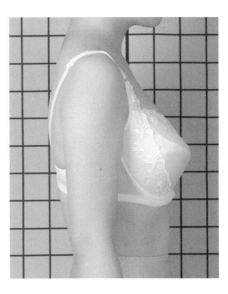

原因和结果

● 前后肩点浮起。

● 由于乳房丰满造成前长不足，前腰围线往上牵吊，又由于身体厚度大，产生背宽、胸宽的余量。

补正前

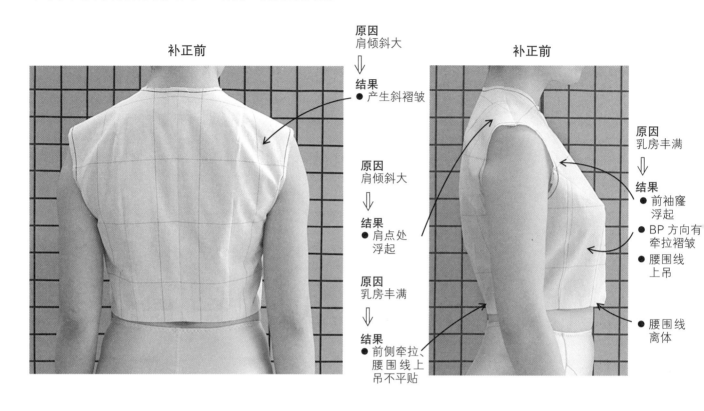

原因
肩倾斜大
⇩
结果
● 产生斜褶皱

原因
肩倾斜大
⇩
结果
● 肩点处浮起

原因
乳房丰满
⇩
结果
● 前侧牵拉、腰围线上吊不平贴

补正前

原因
乳房丰满
⇩
结果
● 前袖窿浮起
● BP 方向有牵拉褶皱
● 腰围线上吊
● 腰围线离体

补正后

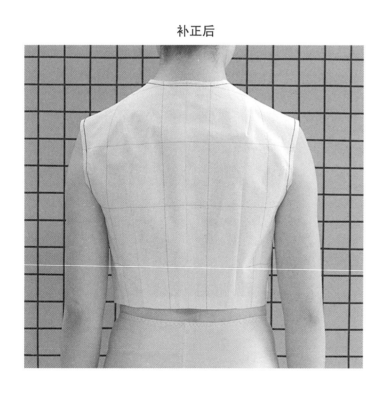

补正后

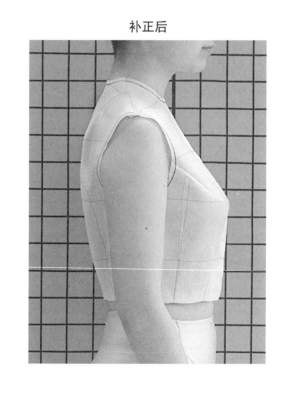

补正方法

● 将前后肩点的余量捏起后修剪掉。

● 拆开侧缝追加前长直至腰围线变水平。

● 挖深前袖窿，捏起浮起的量，追加胸省量。挖深袖窿，将肩点剪掉的量加到袖窿底处。

● 背宽挖深，根据前袖底位置修正后袖窿。

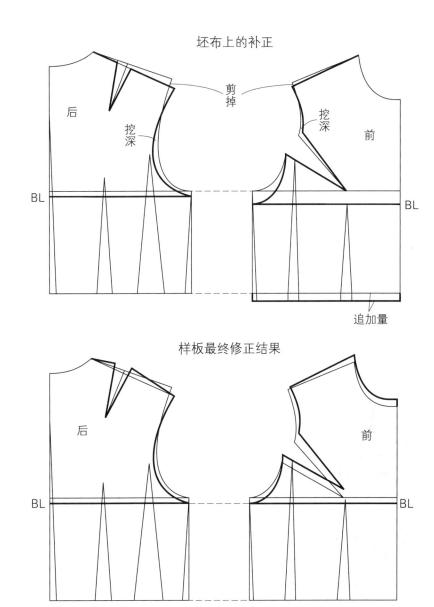

坯布上的补正

样板最终修正结果

3）肩胛骨突出、乳房小、前倾肩

肩胛骨后突大，肩胛骨到腰围侧面曲线弧度大，是弓背弧度明显的体型，前面乳房偏平，肩部的 SP 向前突出。

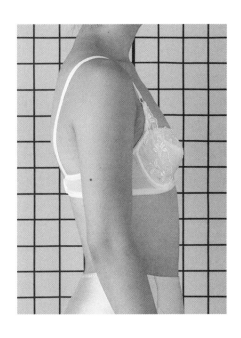

原因和结果

● 由于肩胛骨隆起程度大造成后片的背部长度、宽度都不足，后腰围线往上吊。

● 前衣片由于乳房小导致前长有余量、腰围线往下降、胸省量过多。

补正前

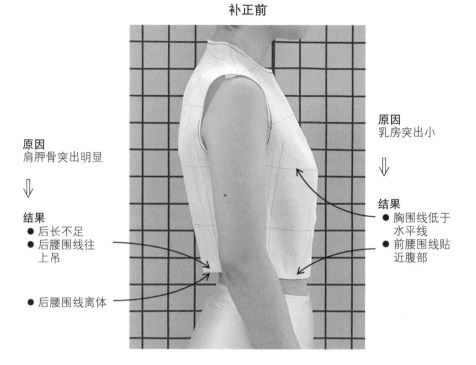

原因
肩胛骨突出明显
⇩
结果
● 后长不足
● 后腰围线往上吊

● 后腰围线离体

原因
乳房突出小
⇩
结果
● 胸围线低于水平线
● 前腰围线贴近腹部

补正方法

前片腰围线保持水平。

● 将前片的腰围线理成水平状，余量用大头针捏起固定，拆开胸省，减少胸省量。

● 拆开肩线，增加后肩省和后长。

● 因是前倾肩体型，所以肩缝要前移。此时背长也要增加。

补正后

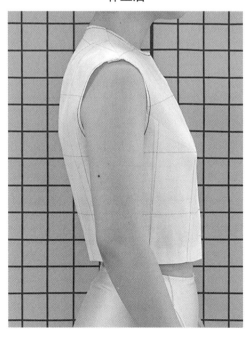

坯布上的补正

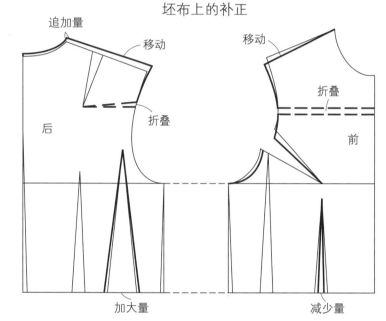

追加量　　移动　　　　移动　　折叠

后　折叠　前

加大量　　　　　减少量

最终样板补正结果

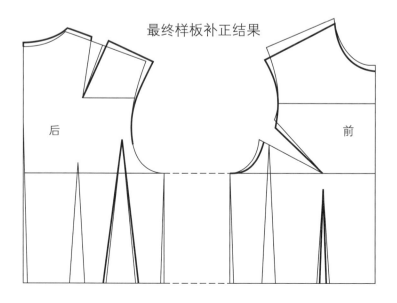

后　　　　　　　前

100

4）后倾体、前倾肩、平肩

从侧面观察时上身的体轴向后倾倒明显，该体型由于从肩胛骨到腰弧度很大，从侧面看垂直放下的手臂会遮挡住腰。

肩部是 SP 前移的倾肩，肩斜度小，也是平肩。

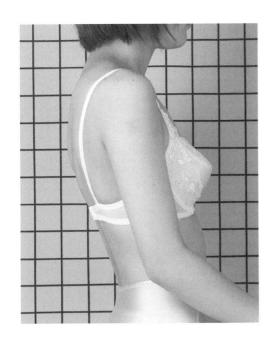

原因和结果

● 后衣片离体往上吊，前长有余量而腰围线往下降，贴近身体。

● 肩端不足，领围线浮起，前领宽有明显余量。

补正前

原因
肩斜度小
（平肩）
⇩
结果
● 后领围浮起

原因
由于后倾，后面的弧度距离长
⇩
结果
● 因后长不足，后腰围线往上牵吊、离体

原因
由于后倾，前长变短
⇩
结果
● 前长有余量
● 前腰围线贴近腹部

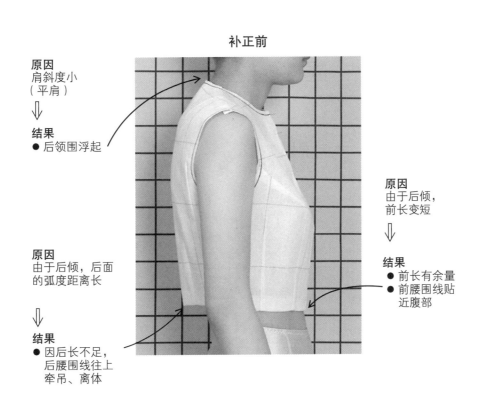

补正方法

● 捏取前片多余量，使腰围线水平，然后拆开肩缝，将 SNP 往前中心移动至前领口平伏，增加肩省量，捏取袖窿的余量，最后增加肩端不足量。

● 后腰省由于体轴倾斜大，因此要增大省量，前腰省要相应地减少。

补正后

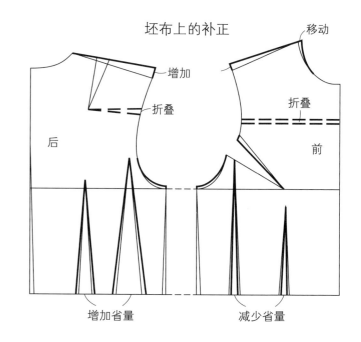

坯布上的补正

移动

增加

折叠

折叠

后

前

增加省量

减少省量

样板最终修正结果

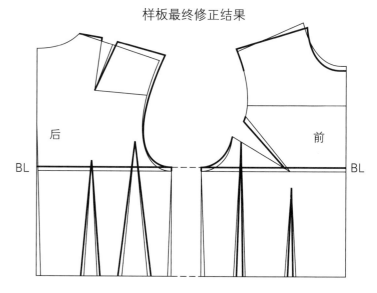

后

前

BL

BL

5）屈身

背部呈圆形，导致后背宽度增加，后长也变长，而前面的胸宽变窄，前长变短，这类体型称为屈身（驼背）体型。虽然背面以外的部位形状各种各样，在此举例的是背面呈圆形、肩前倾的体型。

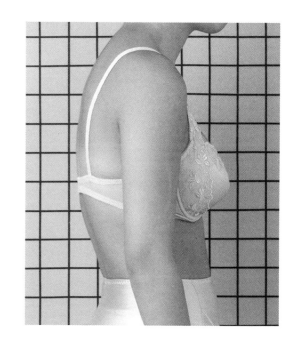

原因和结果

● 前长、胸宽有余量，后腰围线往上牵吊。

● 肩颈部前倾，前领围紧。

● 后身背部圆弧形较强，肩省量不足，袖窿浮起。

原因
肩面呈圆形
⇓
结果
● 肩省不足
● 后长不足，后腰围线往上牵吊
● 后腰围线离体

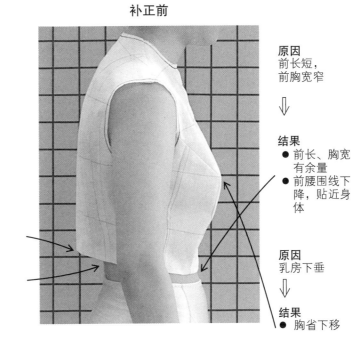

补正前

原因
前长短，前胸宽窄
⇓
结果
● 前长、胸宽有余量
● 前腰围线下降，贴近身体

原因
乳房下垂
⇓
结果
● 胸省下移

补正方法

● 捏取前衣片的余量，使腰围线维持水平。由于乳房下垂，要移动胸省的位置，并将胸宽的余量在袖窿中去掉。

● 下移前领围弧线。

● 将后袖窿浮起的量折叠，并转移为肩省量。

● 由于前长被修剪掉的量使袖窿底的位置上抬，因此需降低袖窿底位置。

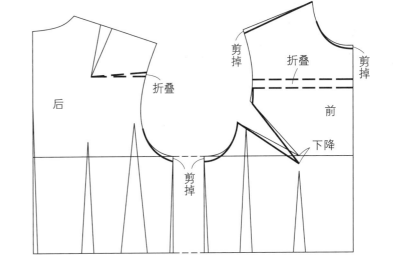

后　　折叠　　剪掉　　折叠　　剪掉

前　　下降

剪掉

补正后

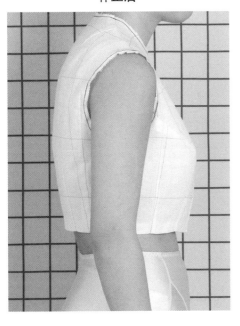

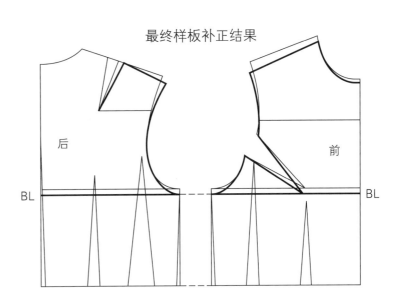

最终样板补正结果

后　　前

BL　　BL

6）前倾肩

SP 向前方倾出的体型为前倾肩。

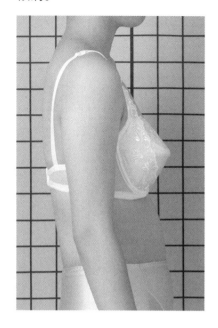

原因和结果

● 由于前后领围宽度不吻合，导致前领围浮起。

补正前

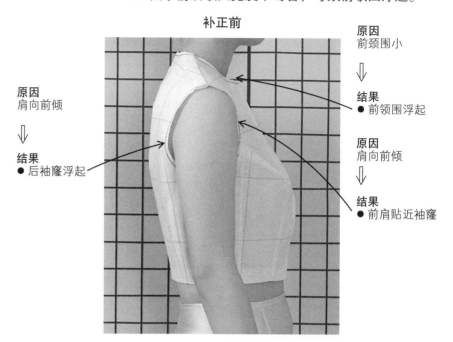

原因
肩向前倾

⇩

结果
● 后袖窿浮起

原因
前颈围小

⇩

结果
● 前领围浮起

原因
肩向前倾

⇩

结果
● 前肩贴近袖窿

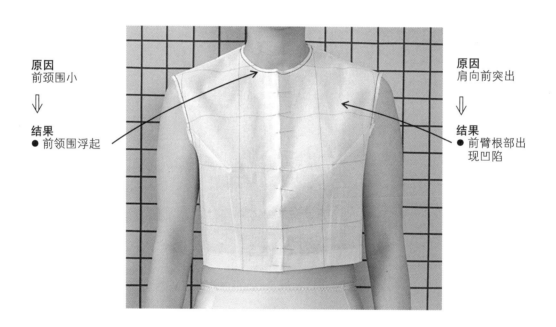

原因
前颈围小

⇩

结果
● 前领围浮起

原因
肩向前突出

⇩

结果
● 前臂根部出现凹陷

补正方法

● 拆开肩缝，将 SNP 水平移动，并抬高后肩点使之往前移。

● 前肩线根据SNP 移动并修顺 SP 线。

补正后

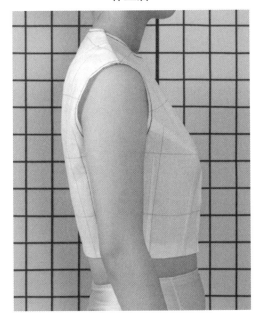

坏布上的补正
（最终样板修正结果）

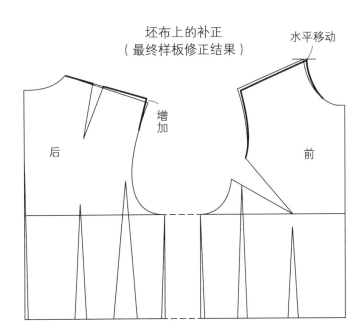

水平移动

增加

后　　　前

5. 样板操作

（1）省的转移和分散

制作不同款式样板时，根据所要表现的设计和轮廓，将原型胸省以 BP 点为基点进行作图展开位置移动的情况较多。

后衣片肩省是用来塑造肩胛骨的省，可放在分割线里，作为垫肩量塑造轮廓，放在袖窿弧线里当作松量或转移到后领弧线处。

腰省是塑造身体曲线而设置的省，侧面腰省（b）（d）（参考第 89 页原型）是腰围线分割设计，因为需关闭后制作样板，不能作为省道表现。

省的转移、分散的原型操作有以下方法。

● **胸省的操作**

1）转移为侧缝省

① 将 BP 和转移位置用线连接，将此点作为"B"点。

② 将胸省靠近胸围线侧作为 A 点，并将 BP 作为基点，使 A 点移动到 A′ 点上重叠。

③ 画出 A（A′）点到 B 点的轮廓线。

B 点转移到了 B′ 点，胸省就转移到了侧缝线上。

由于 B 点和 BP 之间的距离比 A 点和 BP 之间距离要长，所以在侧缝线上的省量要大。

胸省的方向

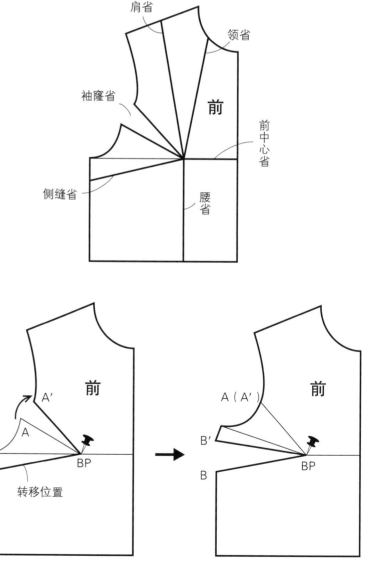

2）转移为腰省

　　① 将 BP 和转移的位置用线连接，将此点作为"B"点。

　　② 将胸省的胸围线侧作为 A 点，再以 BP 为基点，使 A 点移动到 A′点上重叠。

　　③ 画出 A（A′）点到 B′点的轮廓线。

　　B 点转移到 B′点，胸省就转移到腰围线上。

　　B 点和 BP 的间距比 A 点和 BP 的间距长，所以在腰围线上的省量要大。

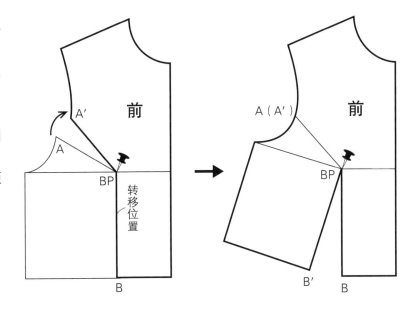

3）转移为肩省

　　① 将 BP 和转移位置连接，将此点作为 B 点。

　　② 胸省的 SP 侧作为 A 点，再以 BP 为基点，使 A 点移动到 A′点上重叠。

　　③ 画出 A（A′）点到 B′点的轮廓线。

　　B 点转移到 B′点，胸省转移为肩省。B 点和 BP 的间距是 A 点和 BP 的间距的 2 倍左右，所以肩省的省量也是袖窿省的 2 倍左右。

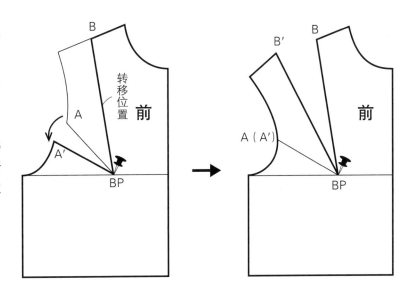

4）转移为前中心省

　　① 把 BP 和转移位置用线连接起来，此点作为 B 点。

　　② 胸省的 SP 侧作为 A 点，再以 BP 为基点，使 A 点移动到 A′点上重叠。

　　③ 画出 A（A′）点到 B′点的轮廓线。

　　B 点转移到 B′点，胸省转移到前中心。

　　B 点和 BP 的间距比 A 点和 BP 的间距短，所以在前中心线上的省量要小。

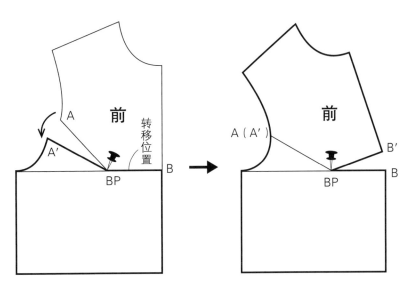

●胸省分散转移的操作

在上衣、外套等的作图中要将胸省分散作为领围、袖窿的松量，再制作相应的胸省分散样板。此时，领围、袖窿上分散的省量是松量，在样板上不去掉。

1）向肩线、袖窿、领围转移

① 将 BP 和转移位置用直线连接，定为 B、C 点。

② 把胸省的 SP 侧作为 A 点，再压住 BP，把 A 点向 A′ 点方向移动，前领围宽为后领围宽度 + ▲（0.5~1cm），此时由于 B 点的移动产生了 B′ 点。

③ 画出从 B′ 点到 C 点的轮廓线。

随着 B 点移到 B′ 点，胸省向领围线转移，作为领围的松量而被分散。

④ 接着将 A 点移动到 A′ 点，C 点移动到 C′ 点。

⑤ 画出从 C′ 点到 A（A″）点的轮廓线。

胸省向肩线转移，这个省作为款式省，在样板上是要被收掉的省。

A″、A（A′）点之间的省为袖窿松量，这个省量和领围的省量在样板上是不被除去的量，而被看作是对原型样板的调整。

2）向领围、袖窿、腰围线转移

① 将 BP 和转移位置用直线连接，定为 B、D 点。

② 把胸省的 SP 侧作为 A 点，并将 A 到 A′ 的 1/4~1/5 作为袖窿的松量，作 A″ 点。

将 BP 作为基点压住，首先将 A 点向 A′ 点方向转移，前领宽度为后领宽度 + ▲（0.5~1cm），此时由于 B 点的移动产生了 B′ 点。

③ 画出从 B′ 到 A 的轮廓线。

胸省向领围线转移，作为领围的松量而被分散。

④ 接着把 A′ 点向 A、D 点向 D′ 转移。

⑤ 画出从 D′ 到 A′ 的轮廓线，胸省量在腰围线上被转移分散。

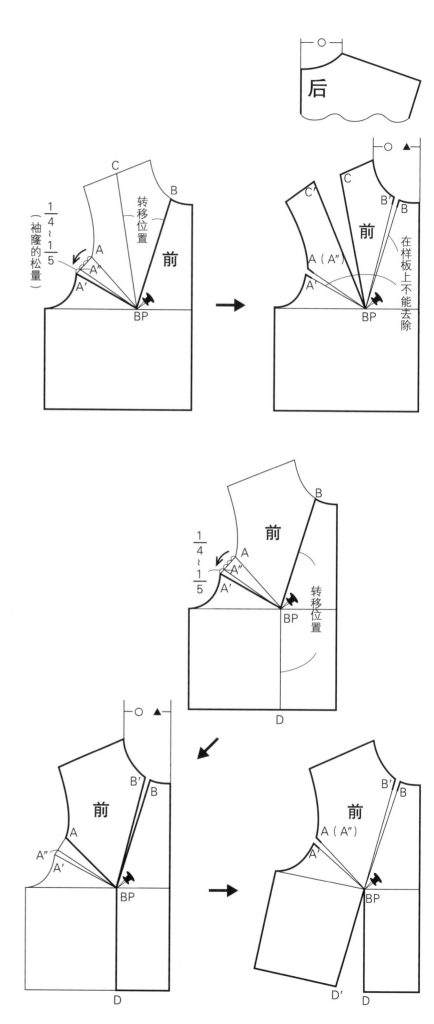

●肩省的操作

这个省大多用于向袖窿、领围转移或者分散来制作样板的场合。

肩省向袖窿转移或者分散成为袖窿的松量或者垫肩的松量，在样板上作为省而不被除去。

肩省不进行分散时，可将省道缝起来或转移到育克分割线上。

1）向袖窿转移（图1）

① 将肩省省尖和转移的位置用直线连接起来，将此点作为D。

② 肩省SP侧为C点，以肩省的省尖作为基点，将C点转移到C'点。同时D点也向D'点转移。

③ 画从C（C'）到D'点的轮廓线。

肩省便完成了向袖窿的转移。

制作装垫肩的衬衫、外套等款式时，这个省可作为袖窿的松量。

2）向肩和袖窿转移（图2）

① 将肩省的省尖和转移的位置用直线连接，并将此点作为D。

② 确定向袖窿分散的量。以肩省省尖作为基点，然后转移从D点分散的量,作出D'点。

③ 画从C到D'点的轮廓线。

完成肩省向袖窿转移分散。转移到袖窿的省成为袖窿的松量，残留的肩省可作为缩缝量。

3）向领围转移

① 将肩省省尖和转移的位置用直线连接，并将此点作为E点。

② 把肩省的SNP侧作为C点，并把肩省省尖压住，把C点向C'点转移，同时E点向E'点转移。

③ 画从C（C'）到E'点的轮廓线。

肩省便完成了向后领围的转移。

这个省成为后领围省、高领的省。

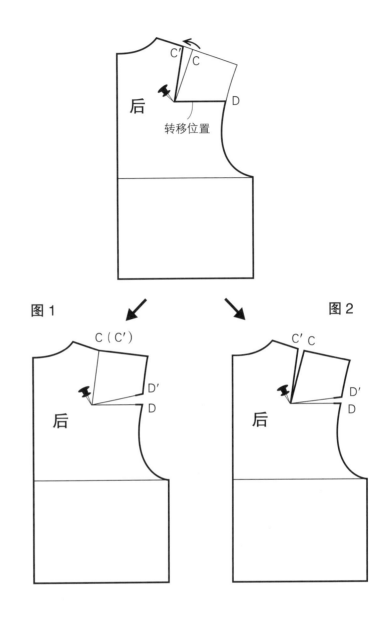

图1　　　　　图2

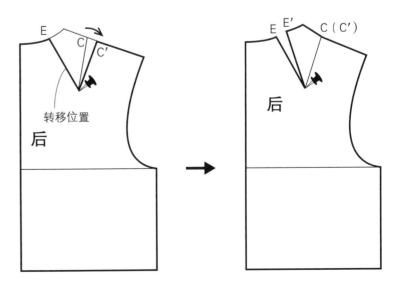

4）向肩和领围转移

① 将肩省省尖和转移位置用直线连接，并将此点作为 E 点。确定分散到领围的省量。

② 把肩省的 SNP 一侧作为 C 点，并将需分散的省量的位置作为 C″ 点。

③ 以肩省省尖为基点，将 C 点向 C″ 点转移，E 向 E′ 点转移。

④ 画出 E′ 到 C（C″）点的轮廓线。

肩省被部分分散转移到了后领围中。

被转移到领围的省作为设计线处理，残留的省量作为肩省或缩缝量。

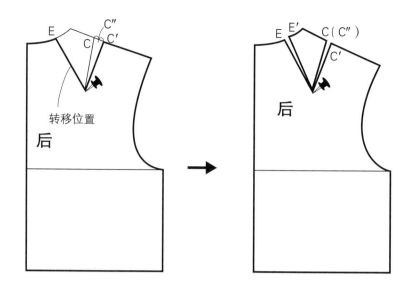

5）向领围和袖窿转移

① 将肩省的省尖和转移位置用直线连接，并确认为 D、E 点。

② 将肩省的 SNP 的一侧作为 C 点，并将需分散的省量的位置作为 C″ 点。

③ 压住肩省省尖作基点，首先将 C 点向 C″ 点移动，然后将 E 点向 E′ 点移动。

④ 画出 E′ 到 C（C″）点的轮廓线。

肩省被分散到了后领围。

⑤ 将 C′ 转移到 C（C″）点，同时 D 点转移到 D′ 点。

⑥ 画出 C（C″）到 D′ 点的轮廓线，剩下的肩省量被转移到了袖窿线。

被转移到袖窿线的省，可作为袖窿的松量。

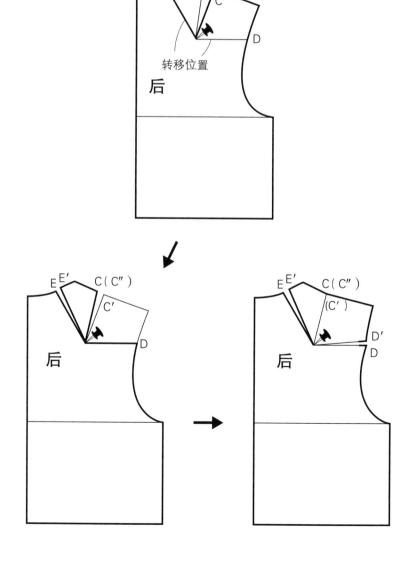

●腰省的操作

　　腰部有分割的紧身款式侧面的省（参照第87页中 b、d）在样板上闭合，不作为省。

1）后腰省的操作

　　① 将腰省（d）靠近侧缝线一侧作为 A 点，并将此省尖点作为 B 点。

　　② 把 B 点和转移位置连接，并将此点作为 C 点。

　　③ 以 B 点作为基点，把 A 点向 A′ 点转移。

　　④ 画 A（A′）点到 C′ 点的轮廓线。

　　C 点向 C′ 点转移，闭合腰省，C 点到 C′ 点的展开量作为袖窿的松量。

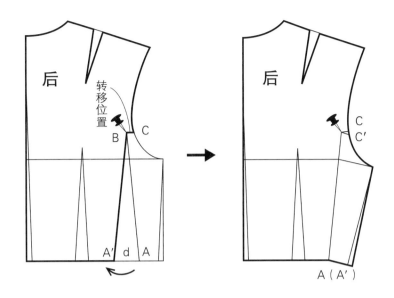

2）前腰省的操作

　　① 将侧面的腰省（b）靠近侧缝线一侧作为 A 点，并将其省尖作为 B 点。

　　② 以 B 点作为基点，把 A 点向 A′ 点转移。

　　③ 画出 A（A′）点到 B 点的轮廓线。腰省被闭合。

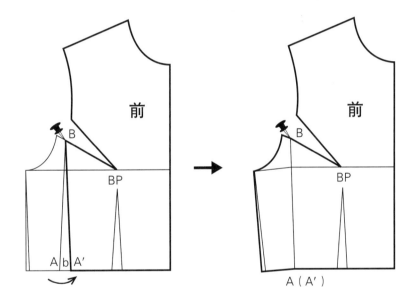

（2）胸省的款式展开

胸省以 BP 为基点，为使款式合体而进行的变化可向任何方向转移。

下面列举的几个例子是以省道、抽褶、褶裥、波浪等方式作展开。

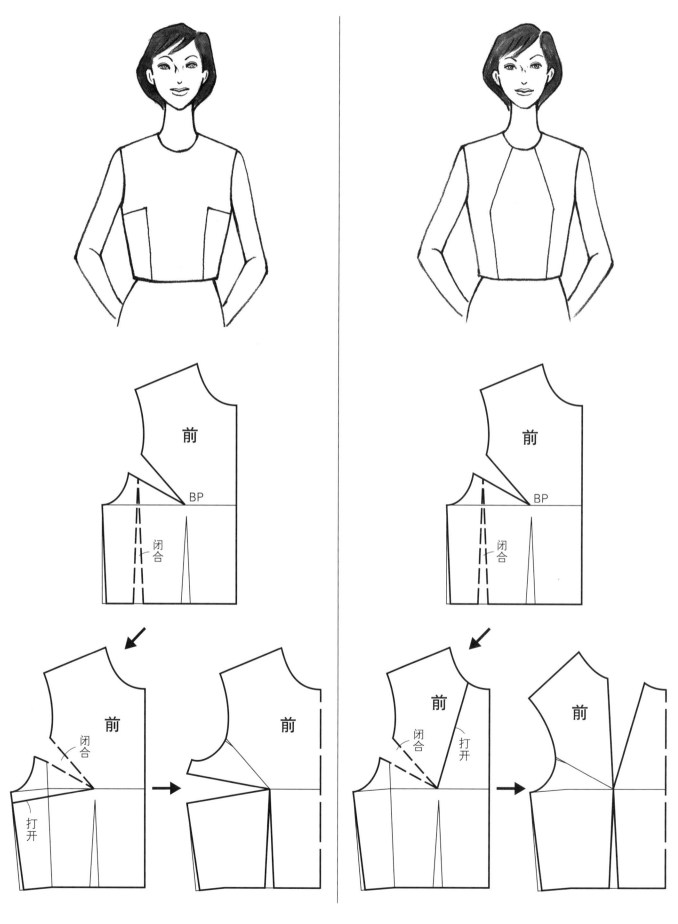

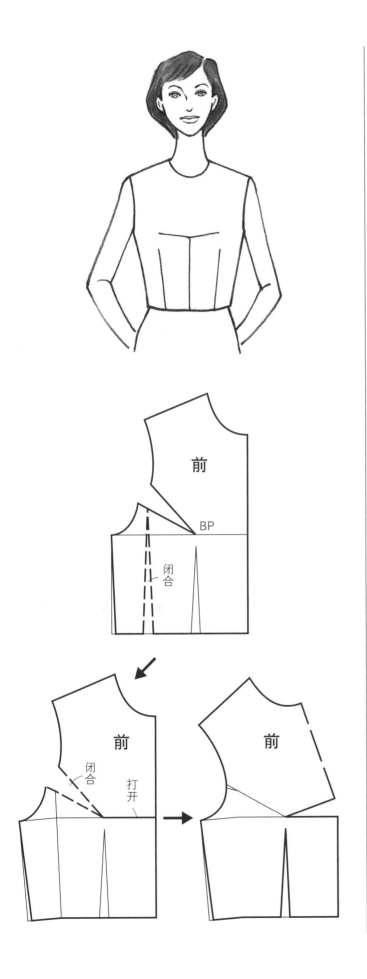

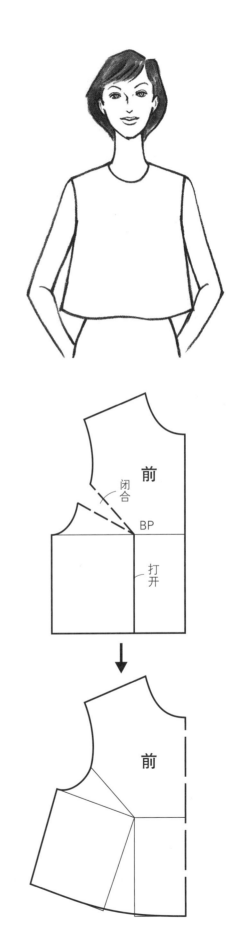

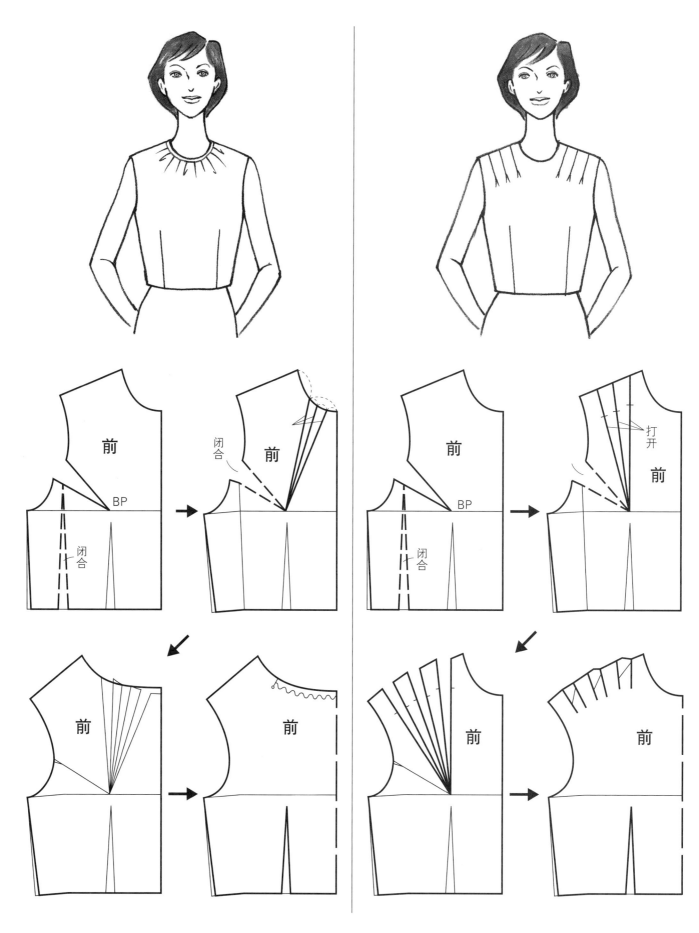

前

闭合

BP

闭合

前

前

前

前

前

打开

前

前

前

第5章　服装面料和辅料

1. 服装面料和款式

在服装制作中，对款式与缝制而言，面料的风格是最重要的影响因素。所谓面料的风格是指根据被使用的纤维性质，纱线的粗细、纱线加捻的方法，编、织的方法等不同而产生的各异的面料手感及观感，包括手感硬、软、重、轻、垂荡、光滑、粗糙等不同。另外，甚至因色泽、花纹等不同而形成面料的特征。

用于服装面料的纤维，从天然纤维到化学纤维种类繁多。这些纤维都有各自的性质特征，并根据加工方法而使面料的风格各异。另外，在面料不断推陈出新的当下，面料种类数不胜数，为了便于选择符合穿着要求、适合款式需求的面料，必须掌握面料相关知识和使用方法。在此，为适合服装初学者，列举了一些基础的面料，与日常的款式结合进行说明。

作为服装面料被使用的纤维种类如右表。

纤维

天然纤维	植物纤维	棉
		麻
	动物纤维	毛
		丝
化学纤维	再生纤维	黏胶纤维、富强纤维
		人造丝
	半合成纤维	醋酯纤维、三醋酯纤维
		酪素纤维
	合成纤维	聚酰胺纤维（锦纶）
		聚酯纤维（涤纶）
		聚丙烯腈纤维（腈纶）、腈纶涤
		聚乙烯醇缩甲醛纤维（维尼纶）
		聚偏氯乙烯纤维（偏氯纶）
		聚氯乙烯
		聚乙烯纤维（乙纶）
		聚丙烯纤维（丙纶）
		聚氯乙烯纤维（氯纶）
		聚氨酯弹性纤维（氨纶）
	无机纤维	玻璃纤维
		炭素
		金属

棉・麻

棉——吸湿性好、肌肤触感好。
麻——透气性好、吸湿性好、穿着凉爽。
　　　坚实但易起皱。

用具有凉爽感的面料
来表现轻便的衬衫、裤子

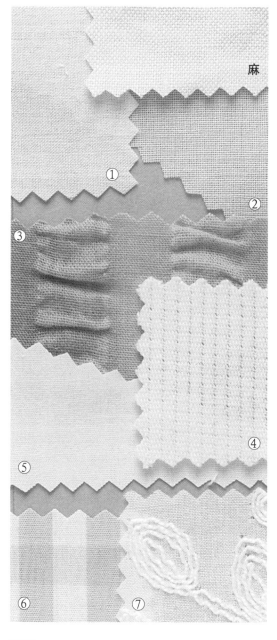

麻

薄型

　① 上等细布——柔软，手感良好。
　② 薄纱——制作粗糙，有光滑触感。

普通型

　③ 条纹织物——有皱与无皱的部分各自条状排列。
　④ 灯芯绒——纵向有垄状浮起的条状织物。
　⑤ 斜纹绒面薄呢——有细横条状、柔软而有光泽。
　⑥ 条格布——用染色纱线织成平纹格或者条纹。
　⑦ 刺绣花边——在基布上做刺绣的花边。

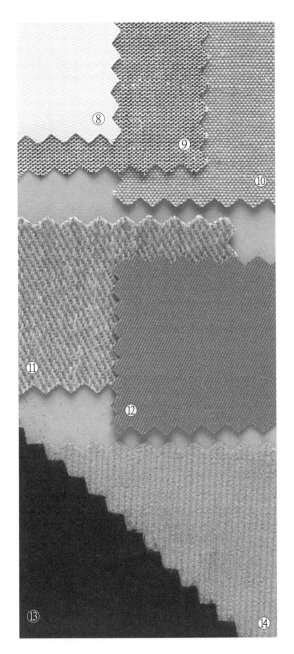

用厚质棉布
来表现便于活动的裙子

　⑧ 横贡缎——缎纹织物，手感光滑而富有光泽。

　⑨ 斜纹劳动布——与牛仔布使用的线相同，是经线使用染色线、纬线使用漂白线的斜纹织物。

　⑩ 色织青年布——经线为色线，纬线采用白线，可以添加涂霜、闪光色等效果。

厚型

　⑪ 牛仔布——经线使用藏青色线、纬线使用本白线织成的斜纹织物。

　⑫ 棉华达呢——经纬密度高的、有光泽的斜纹织物。

　⑬ 平绒——也称棉天鹅绒，是表面起绒、有光泽的绒面织物。

　⑭ 灯芯绒——和平绒相同，是竖条绒面织物。

羊毛

以动物的纤维（毛）作为原料所织成的面料，温暖而不起皱，且具有拒水性，是防寒的理想面料。

用柔软的面料
来表现女性化服装

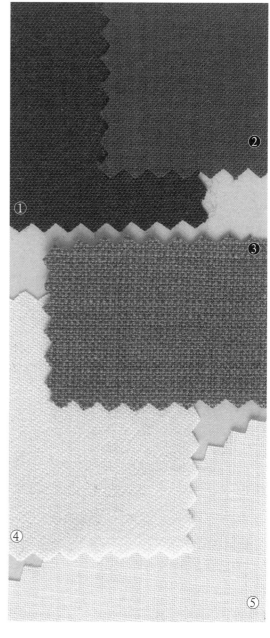

薄型

① 轻质毛料——柔软质薄，平纹或斜纹印花。

② 薄毛织物——平纹织物，柔软飘逸。

③ 波拉呢——平纹织物，密度低、透风、凉爽。

④ 薄型织物——薄型平纹织物，有弹性。

⑤ 羊毛府绸、毛葛——高密度平纹织物，有弹性、柔软。

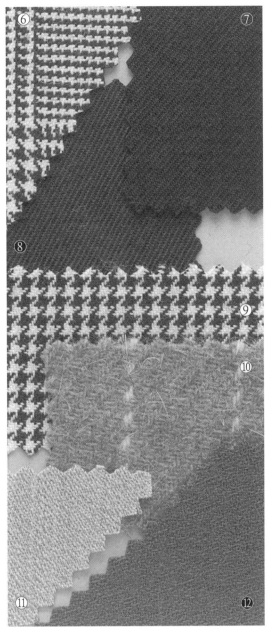

用传统的面料
来表现男性化女装

中厚型

⑥ 精纺毛织物——用精纺毛纱所织成的面料，表面光滑有弹性。

⑦ 哔叽——通常织纹以右上 45° 方向高密度织成的斜纹面料。

⑧ 华达呢——比哔叽纹斜度强，有光泽。

⑨ 精纺麦尔登呢——与精纺毛织物相比，在表面起毛绒。

⑩ 法兰绒——起毛、手感柔和的毛纺织物。

⑪ 直贡呢——缎面，斜条纹明显，有光泽，具有光滑的风格。

⑫ 乔其粗呢——用强捻纱织成的有皱褶的粗密织物。

用起毛的、组织紧密的、有保暖性的面料
来表现轻便大衣

厚型

⑬ 粗花呢——将起毛纱（用短毛纤维纺成纱）平纹或斜纹织成手感粗糙的毛织物。

⑭ 海力蒙人字呢——变形的斜纹织物，因织纹类似鲱鱼的骨头而得名。

⑮ 苔状织物——将布面编织处理后再进行加工、表面呈苔状外形。

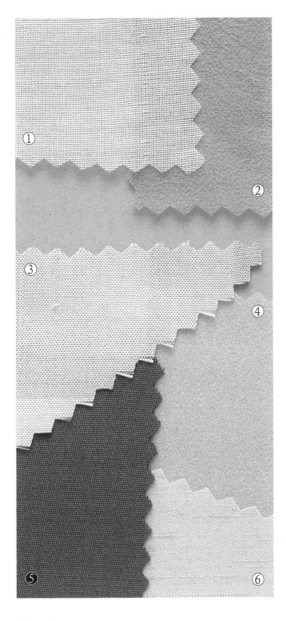

具有优美光泽和柔软手感的真丝织物，以及仿真丝的化纤，因捻纱和组织结构不同而产生的风格也各异，有高级感。

用透明的、具有垂坠感的面料
来表现优美女装

薄透型

① 蝉翼纱——用细纱平纹织成，薄透而有张力，轻而手感硬。

② 乔其纱——用强捻细纱织成，轻而柔软，有皱褶。

有美丽光泽，柔软有骨感的类型

③ 塔夫绸——经纱采用细纱细密织成，纬纱用稍粗的纱线织成，具有光泽和张力。

④ 贡缎——缎纹组织表面光滑、有美丽光泽。

有垂坠感的类型

⑤ 双绉——表面有纤细皱褶，是柔软的织物。

有节的类型

⑥ 竹节织物——经纱为生丝且在纬纱中加入节线而织成的、在布面上呈现出节状的织物。

2. 辅料

为制成一套衣服，除了面料外，还要有里料、黏合衬等辅料。

为了形成服装廓形，黏合衬、里料、带类、垫肩等被作为制衣的辅助品，兼具功能和装饰效果，而被使用的拉链、纽扣、挂扣等都是附属材料。

（1）里料

装里料的目的和作用

- 隐藏里侧缝份。
- 增强面料的线条感。
- 防止面料透，另外有往外透色的效果。
- 保温、吸湿。
- 滑爽、穿脱容易。

里料的材料

采用触感、吸湿性、光泽度出色的布料，大多使用铜氨人造丝，另外还有黏胶织物、醋酯纤维织物、尼龙、涤纶等。

无论哪种材料，选择与表布协调的即可。

里料的种类和用途

平纹织物			
塔夫绸	交织塔夫绸	电力纺	上等细布
特征 中厚型料，有适度张力	经纬纱都用其他材料织成，质感柔软，有闪亮的光泽感	轻而薄、软的风格	轻薄型棉质手感，具有吸湿性
适合的表布面料 在羊毛、化纤服装中被广泛使用	中等厚度羊毛至薄型羊毛织物	普通薄型羊毛、棉、麻、化纤	薄型羊毛、棉、麻、化纤
适合的服装种类 上装、裙子、裤子、连衣裙			

斜纹组织		缎纹组织	提花织物
卡其（薄型）	卡其（厚型）	贡缎	提花布
特征 有光泽，手感柔软	有张力感，手感挺括	具有光泽和垂坠感，手感柔软	有适度的张力，手感挺括
适合的表布面料 羊毛、化学纤维	厚羊毛、化学纤维	薄、透面料（内衣）	厚、中厚羊毛
适合的服装种类 上装、裙子、裤子、连衣裙、大衣	大衣、皮革、毛皮上衣和大衣	内衣、大衣、毛皮大衣	大衣、上装、皮革、毛皮大衣

经编织物	
特征	具有伸缩性，弹性优良
适合的表布面料	针织面料
适合的服装种类	裤子、裙子、连衣裙、上衣

平编织物	
特征	具有伸缩性，质感柔软
适合的表布面料	针织面料
适合的服装种类	裤子、裙子、连衣裙、上衣

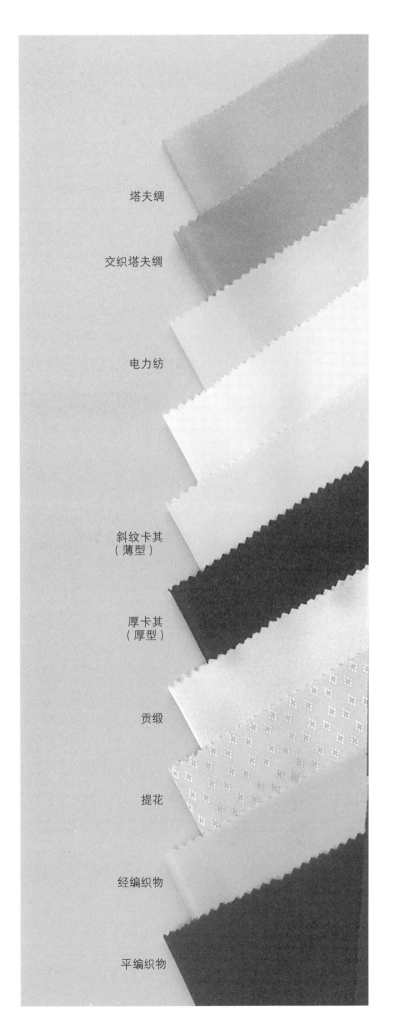

塔夫绸

交织塔夫绸

电力纺

斜纹卡其
（薄型）

厚卡其
（厚型）

贡缎

提花

经编织物

平编织物

（2）衬布

衬布从里层支撑表层，塑造良好的廓形，也可以防止面料拉伸、变形，起到便于缝制的功效。衬布的种类，按大类分有在衬布单面附黏合剂的黏合衬，也有不附黏合剂的衬料。没有黏合剂的衬料，是与表布的里层贴合，将两者融合使用的。现在主要使用的是能用熨斗直接烫上的黏合衬。

黏合衬的种类和使用位置

种类		特征	用途、使用位置
织物		用平纹布作基布，和面料附粘良好，不妨碍运动，不变形	套装上衣、背心、上装、大衣、连衣裙的 　前衣身衬 　下摆衬 　背衬 　袖口衬 　克夫衬 　袋口衬 　袋口垫布衬 裤子和裙子的 　腰带衬、门襟衬
无纺布		非纺织、编织物，是将纤维熔合成的布作为基布，基本不会起皱、变形	
经编织物		经编织物作基布，有伸缩性，布料活动时状态柔和，质地柔软	
复合布		经向采用涤纶，表面为链状结构，不易变形，纬向有适度的弹性	

涂抹黏合剂（颗粒型）

大颗粒用于厚面料

小颗粒用于中厚面料

极小颗粒用于薄面料

不使用黏合剂的衬布的种类和使用位置

	种类	特征	使用位置	用途
毛衬		经纱为羊毛，纬纱是马毛、人发等，有张力	厚、中厚羊毛织物的前衣身衬 背衬 挂面衬 领衬	套装上衣 上装 背心 大衣
粗哔叽衬		平纹精梳织物，比毛衬柔软，有化纤交织物	质感柔软的羊毛织物的前衣身衬 挂面衬 领衬 下摆衬	套装上衣 上装 大衣
轧光斜纹棉布		有纱向清晰的棉和化纤交织物。牵力强，裁斜条时不变形	领围衬 袖口衬 下摆衬 袋贴布衬 袋口衬 袖窿衬	套装上衣 上装 大衣
麻衬		坚固，张力强	领衬 门襟衬	西装上衣 上装 大衣

粘带

粘带作用是防拉伸，用于前襟、肩、领围、袖窿等。

粘带有很多类型。

粘带的种类和用途

种　类		特征
直牵带	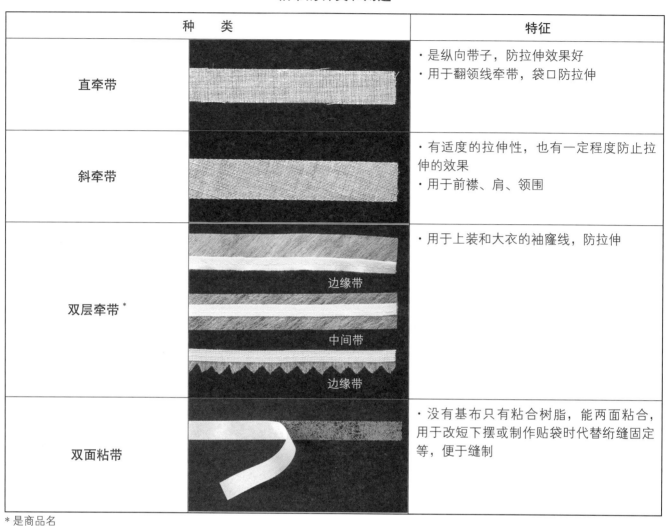	· 是纵向带子，防拉伸效果好 · 用于翻领线牵带，袋口防拉伸
斜牵带		· 有适度的拉伸性，也有一定程度防止拉伸的效果 · 用于前襟、肩、领围
双层牵带 *	边缘带 中间带 边缘带	· 用于上装和大衣的袖窿线，防拉伸
双面粘带		· 没有基布只有粘合树脂，能两面粘合，用于改短下摆或制作贴袋时代替绗缝固定等，便于缝制

* 是商品名

（3）固件

揿纽扣

由凸、凹型组成的一组固件，用于不做纽眼的门襟处。有钢制的（银白、黑），也有用面料包裹住的。还有合成树脂的彩色揿纽扣，比较轻，适用于薄面料。

揿纽扣的规格有 0.5cm、0.7cm、0.8cm、1cm、1.2cm、1.4cm。

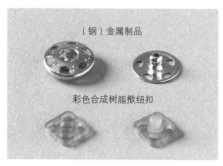

铐纽扣

在表面看起来是纽扣的头部的按扣。有点状和环状的，色彩丰富，规格有 1cm、1.2cm、1.5cm。

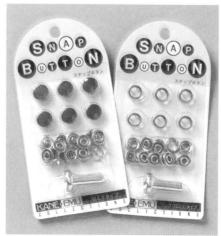

搭钩

是由搭和钩搭配组成一组的固件。有结实的金属型的，也有金属丝的弹性型的。搭钩颜色有银、黑、藏青等，规格有 1.5cm、2.2cm、3cm（双档），腰部使用的有可以调节3档尺寸的细钩。

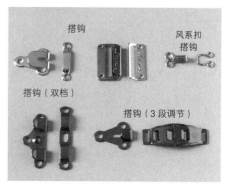

纽扣

　　纽扣作为固定物在服装中不可缺少，同时具有设计效果，但必须以服装的整体综合考量来选用纽扣。

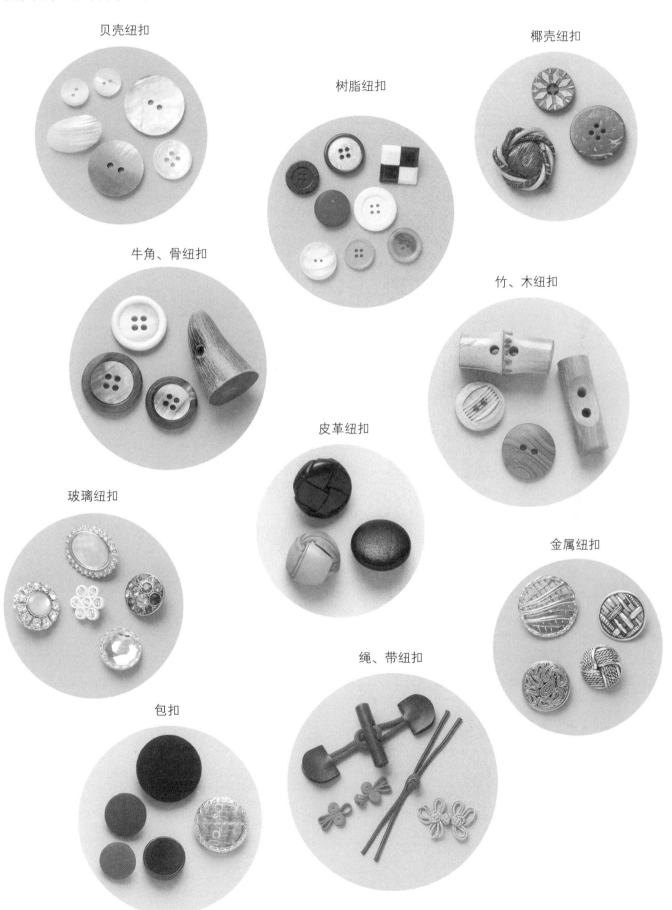

贝壳纽扣

椰壳纽扣

树脂纽扣

牛角、骨纽扣

竹、木纽扣

皮革纽扣

玻璃纽扣

金属纽扣

绳、带纽扣

包扣

（4）垫肩

垫肩常用于肩部作体型补正，营造肩部线条，有多种形状和厚度规格，使用时取决于服装的款式。

结构和材料

垫肩由上布、下布和填充物构成。

上、下层的布料大多采用涤纶、尼龙、黏纤等无纺布，中间层填充物常用涤纶或尼龙的树脂棉、弹性棉。

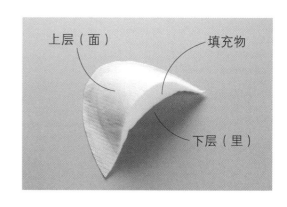

上层（面）　　　填充物

下层（里）

垫肩的种类和用途

垫肩分为装袖和连袖两大类，主要根据表现的廓形来选用。

种　类		特　征	用　途
用于装袖		肩端部切断型是常用的	用于衬衣、上装、大衣
		厚度 0.5cm、0.8cm、1cm、1.5cm、2cm	
		肩端呈圆弧形网格状	用于连衣裙、衬衣、上装、大衣
		厚度 0.5cm、0.8cm、1cm、1.5cm、1.8cm	
		男装用	用于男式上装
		厚度 1.2cm、1.5cm	
		前肩用	用于衬衣、连衣裙、上装
		厚度 1.2cm、1.8cm	
用于插肩袖		用于与装袖类似的弧状肩线	用于上装、大衣
		厚度 1cm、1.5cm	
		平缓肩线用	用于上装、大衣
		厚度 1cm、1.5cm、2cm	

（5）拉链

拉链在裙子、裤子、连衣裙、大衣、学生装的开合处被广泛使用。拉链的结构由拉链齿、拉链头和母带组成，利用拉链齿的闭合原理形成开合。齿的材料主要分为金属和树脂。

另外，母带的材料有涤纶、棉、涤/棉混纺、黏胶/涤纶混纺物，要根据面料及用途来选用。

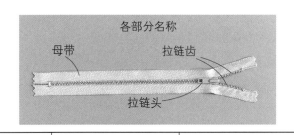

各部分名称
母带　　拉链齿　　拉链头

	金属拉链	圆齿拉链	平织拉链	隐形拉链	树脂拉链
种类					
特征	采用合金，不生锈且牢固，母带是棉质	树脂质，母带是尼龙、涤纶，轻、薄、柔软	追求柔软和轻薄，是在平织带上编入拉链齿的拉链	表面看不见拉链齿，形似接缝。涤纶材质	如金属材质一样牢固，轻，与功能一起形成款式特征
长度	18cm、20cm、30cm、40cm、50cm、56cm	20cm、50cm、56cm	20cm、30cm、40cm、50、56cm	22cm、56cm、70cm	30cm、40cm、50cm、60cm、70cm、100cm
用途	厚、中厚羊毛，棉，化纤面料的裙子、裤子、衬衣	普通和薄料裤子、连衣裙、裙子	普通和薄料裤子、连衣裙、裙子	裙子、连衣裙、裤子	学生装、上装、大衣、运动装

	装饰拉链	各式开口拉链	双头开合拉链	双面拉链头
种类				
特征	用人造钻石做拉链齿的拉链	最下端可以分开，是可以左右完全分开的拉链	上下都有拉链头，是从哪一端都可以开合的拉链	正反都可以开合的拉链头
长度	10cm、15cm、20cm、30cm、40cm	30cm、40cm、50cm、60cm、70cm、100cm	100cm（可根据需要修剪）	
用途	作为装饰效果使用	学生装、上装、大衣、运动装	学生装、上装、大衣	

第6章 裁剪·缝制的基础

1. 面料使用量的估算方法

购买布料时，必须要进行使用量的估算。在样板完成的阶段来估算使用量的话，可以轻松地购买布料。就算样板还没有完成的话也可以从定好了的衣长、袖长、裙长、裤长、轮廓来估算。布不同，布的宽度（布幅）也不同，需要正确根据布的宽度估算用量。在假缝的情况下，既要考虑长度和宽度的补正量，也要估摸着留下充足的布量防止不够来补充。另外，格子图案和印花图案因为要对格子和印花所以面料的估算要多留一点。

服装类别		布幅/cm	估算方法	服装类别		布幅/cm	估算方法
腰部分割的连衣裙		110	背长+（裙长×2）+袖长+各自缝份	蛋糕裙		110	（裙长×3）+各自缝份 （抽褶量1.5倍）
		150	背长+裙长+袖长+各自缝份			150	（裙长×1.5）+各自缝份 （抽褶量1.5倍）
衬衣式连衣裙		110	（衣长×2）+袖长+各自缝份（领子、口袋等用剩余料裁剪）	抽褶喇叭裙		110	（裙长×4）+各自缝份
		150	衣长+袖长+各自缝份（领子、口袋等用剩余料裁剪）			150	（裙长×2）+各自缝份
衬衣		110	（衣长×2）+袖长+各自缝份（领子、袖克夫等用剩余料裁剪）	裤子		110	（裤长×2）+各自缝份
		150	衣长+袖长+各自缝份（领子、袖克夫等用剩余料裁剪）			150	裤长+缝份
直身裙		110	（裙长×2）+缝份	夹克		110	（衣长×2）+（袖长×2）+各自缝份（贴边、领子、口袋等用剩余料裁剪）
		150	裙长+缝份			150	衣长+袖长+各自缝份
		里料 90	（裙长×2）+缝份			里料 90	（衣长×2）+袖长+各自缝份

2. 预缩（缩绒）、整理布纹

为了能够在保持原始布料不破坏布的情况下做出保形性好的衣服，裁剪前必须要预缩（缩绒）和整理布纹。

●预缩（缩绒）

面料在生产过程中要经染色、织造、拉幅、光泽加工、防皱、防缩等很多道工序才能表现出布的特征。过度地拉扯布，不整理布的经纬向布纹的话，会有布边牵吊等现象出现。

纤维的性质决定其会因为水分和热度而缩小并失去光泽和特色。另外有很多化学纤维、混纺、交织、防缩加工和其他特殊加工的布料，其缩水情况不能够单用纤维的种类来决定。

一般面料应标有面料成分和使用方法，使用未标明的面料时，要弄清其服装的穿着方法和洗涤方式。

预缩（缩绒）的方法

1）浸水

不仅只有棉、麻，像贴身穿的薄羊毛和真丝等也可以用浸水的方法进行预缩。

将布料充分浸入水中一定时间（约1小时左右），不拧干，晾干后一边整理布纹一边用熨斗熨烫。尽可能将面料重叠浸水，并确认水的染色程度。晾干时在晾衣杆上把布展开来晾晒。

像印花面料等染色的成分用水浸会掉色，因此在浸水前应先用布边试一下为妥。另外，在用化学纤维和混纺面料以及不明材料的面料做预缩实验时，可先在布边喷水做部分预缩试验，然后让其自然干燥，如果布料收缩了的话，那就是有必要用浸水的方法进行预缩的布料。

2）蒸汽熨烫

羊毛面料有薄型、厚型、高密度的织物、粗糙的织物、有绒毛的织物、有立体感装饰的织物等很多种类，要用适合布料的预缩方法。就是用蒸汽熨斗把布料全部从正面到反面喷上水雾，使面料充分浸透水分，然后用熨斗熨干。

熨烫时，将布的中间对折，熨斗的底部不要接触布面，在轻轻地、几乎要接触布面的状态下进行均匀地熨烫，表面熨烫完后再用同样的方法熨烫另一面，然后展开对折线部分，把对折的地方错开，熨烫平整。

对于有绒毛的面料和有立体感的厚面料，熨斗的底部要离开布面，只用蒸汽喷着面料来进行熨烫。

3）干洗

日常干洗的面料在缝制前如果要干洗的话要完全地进行预缩。

4）干烫

对于碰到湿气会发生变化的面料，可以使用干烫让衣服变得更加有立体感，不预缩的合成纤维面料可以从背面将褶皱用熨斗烫平。

●整理布纹

预缩后的面料要确认有没有整理好面料的经纬向布纹。将裁端横织线解开，整理纬向布纹线（从布的一端扯一根线到另一端，就可以让它完全水平）。如果纵向的布边牵吊的话，可将布边裁掉，薄质的、松结构的面料的布纹也可以整理。

对于面料的纬向布纹确认，可先将面料的纵向布边平行地放到裁剪台的边缘，然后看横向的布纹是否呈直角（图1）。

如果布纹不齐的话，可照图2的方法将布向斜的反方向拉伸后一边熨烫一边整理。

对于褶皱较密的面料和过度拉伸被损坏的布，应该避免用歪斜部分来裁剪。

预缩、整理布纹的熨烫温度，一般棉、麻、羊毛为160℃左右、真丝为140℃左右、化学纤维为120℃左右较为适宜。对于混纺材料较多的布料，先用布边进行熨烫试验。

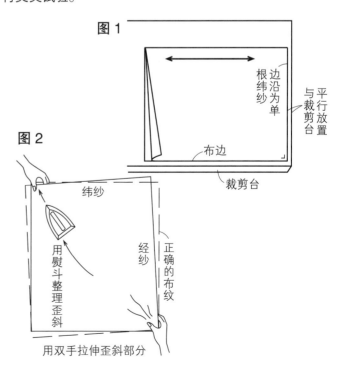

图1

根边纬纱沿为单

与平行裁剪台放置

布边

裁剪台

图2

纬纱

经纱

正确的布纹

用熨斗整理歪斜

用双手拉伸歪斜部分

3. 面料的正反面鉴别方法

面料有正反两面。

正反面的区别方法，一般有如下鉴别标准：

① 两面做比较，有光泽的、美观的一面为正面。

② 条纹、花样、格纹面料，清楚的一面为正面。

③ 有斜、竖、横条的，条纹清楚的一面为正面。

④ 经纱显露多的一面为正面（牛仔布、粗蓝布）。

⑤ 斜向条纹会往右上方和左上方斜。

⑥ 表面效果有立体感特征的，布面明显美观的一面为正面。

⑦ 有特殊工艺的面料，工艺效果明显的一面为正面。

⑧ 双幅面料是以正面的中心为基线做纵向对折。

以上各例虽是标准，但也没有明确必须使用哪一面，为了设计的效果可以使用反面，正反两面混着使用也可以。

4. 裁剪

经过预缩、整理布纹后，便进入裁剪阶段。

由于面料的裁剪是无法修正的作业，所以裁剪前务必确认样板的排列方法，确认必要的样板是否齐全，缝份的尺寸是否正确，然后再裁剪。

● 缝份记号的标法

将面料从中央对折，并将样板上的布纹线和面料的布纹吻合，为了不使面料移动，可用大头针固定或者用铁块压住。然后用方格尺一边量缝份一边用画粉作印记，随后沿着印记来裁剪布料（图1）。

花格、条纹等必须要对好再裁剪。

对花纹的方法会有专门的讲解。

● 不同面料的处理方法

棉质（阔幅白布、印花布、薄条纹布、方格花布、粗蓝布、牛仔布）

棉、麻类多为平纹、斜纹织物。斜纹织物因为布的移动小而容易裁断。花式织布因布边易脱散而应修剪布边，另外经纱、纬纱都易脱散的面料，要根据脱散状况多加点缝份。

图1

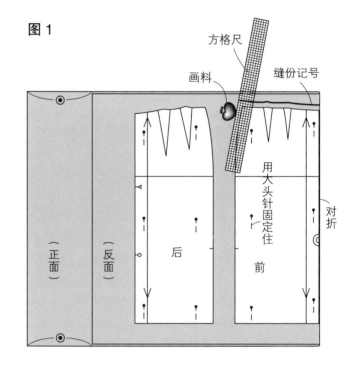

精纺羊毛织物（哔叽、华达呢、雪克斯金呢）

高密度织成的、有骨感的羊毛织物单色面料，将面料从中间对折，放样板不要拘泥于倒顺方向便可裁剪。有花纹时，面料要一片一片地裁剪。

粗花呢，法兰绒等处理方法也相同。

起毛羊毛织物（苔状呢、麦尔登、毛呢、长毛绒）

起毛的织物面料比较厚，因双层重叠后难以裁剪，所以应单片裁剪。

毛绒有方向性，绒毛短的面料按倒毛方向裁剪，其色彩会因加深而更加美丽。

绒毛长而且向一个方向倒卧的面料，应按顺毛裁剪，样板全部朝一个方向排列然后裁剪。

厚质面料在裁剪时因布边容易脱散，所以要多加些缝份。

有细绒毛的面料（平绒、灯芯绒）

　　有细绒毛的绒面织物具有光泽、大多因毛绒的方向不同而产生颜色变化，在这种场合下裁剪时样板的上下方向必须统一。

　　因为将面料对折后就能看出颜色的深浅，所以应试完之后再决定需求方向（图1）。

　　另外，用手触摸会有光滑的触感方向和粗糙的触感方向，触感光滑的方向为顺毛，看上去色泽淡，而触感粗糙的方向为倒毛，看上去色泽浓。

　　裁剪时不要折叠，在没有毛绒的背面作毛绒方向记号，然后同一方向排列样板，再一片一片裁剪（图2）。

真丝手感的化纤织物、里料

　　因为采用细纱织成，所以横向的布纹很难保持平直。要整理纬向裂斜布纹，可拉伸裂料一侧，布边用熨斗压烫。由于面料柔滑，所以要将纬向位置用大头针固定，做粗一点的假缝后再放上样板（图3）。

　　由于布纹易滑动，所以要用大头针仔细固定，作缝份记号后再裁剪。裁剪薄面料时最好使用圆形裁剪机。

图1

对折后垂荡

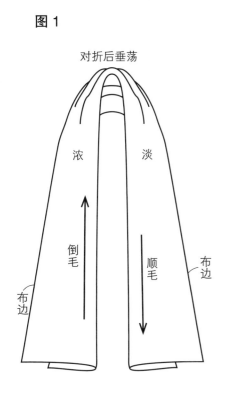

浓　　淡

倒毛　　顺毛

布边　　布边

图2　有细绒毛的面料
（倒毛裁剪）

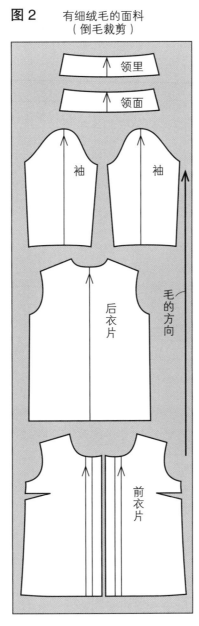

领里

领面

袖　　袖

后衣片

毛的方向

前衣片

图3　真丝手感的化学织物、里布

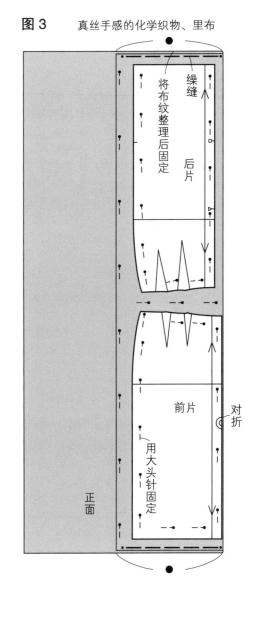

缲缝

将布纹整理后固定

后片

正面

前片

用大头针固定

对折

黏合衬

在表布样板的基础上做黏合衬的样板，再裁剪。

黏合衬要根据布纹的方向来贴，不同类型裁贴的方法也不同：

① 有布纹方向的衬。

织物——经纬的布纹。

复合布——纵向的布纹。

经编织物——纬向拉伸力强。

② 没有布纹方向的衬。

无纺布——没有经纬方向性，可以自由裁剪（也有有方向性的无纺布）。

把附有黏合剂的一面从中间对合放上样板，需要缝份的黏合衬和表布一样加缝份后再裁剪。需将裁剪后的面料全面粘衬时，把附有黏合剂的一面和面料的背面重叠，按相同大小裁剪，此时面料和衬的布纹方向要一致。

无纺布、经编织物黏合衬的裁剪最好使用圆形裁剪机。

黏合衬的粘贴方法：

① 把裁剪好的面料反面朝上放到烫台上，再将黏合衬附有黏合剂的一面朝下叠合，理直布纹，平放，最后放上样板并确认布纹不歪斜（图1）。

② 将黏合衬上垫纸（作图纸）重叠、烫压，以每处10秒的标准整片压烫一遍。面料与衬粘合，就是用熨斗把黏合剂加热融化，使其溶入织物中。由于熨斗没有压到之处不能粘合，所以烫压要均匀、牢固。

③ 熨烫完毕后、要等到熨烫物平放在台上完全冷却，因为在余热时挪动熨烫物会产生布纹歪斜。

粘合时熨斗的温度以下表为标准，但是在操作实物之前要试粘一下，这很重要。

面　　料	设定温度
厚型面料	150℃~160℃
中厚、薄型面料	140℃~150℃
极薄不耐热面料	130℃左右

图 1

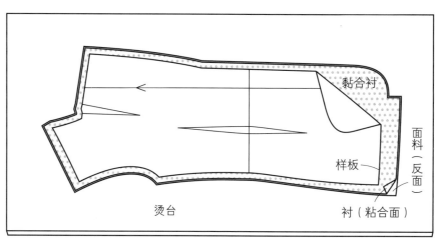

5. 作记号

为了准确地裁剪缝合，必须要打上净缝位置的记号。可以用手缝、机缝或者画粉画线等作记号。

1）粗白布

以假缝为目的，应采用复写纸在布的两面印上记号。因为缝合时必须从反面操作，印表面是为了试穿的时候便于修正。

将双面复写纸在单面印记号，在另一面用复写纸再印一遍（图1）。

另外，在裁剪好的两片布上同时在两面印记号时，要准备两张单面复写纸和一张双面复写纸，如图2那样夹插在两层布之间用齿轮压印记号。

如果只在布的一面作记号的话，可在布上放上样板然后用HB铅笔画上记号。

若想要清楚的复印记号，最好使用有弹力的裁剪台，像在塑料板这样的平台上面用滚轮使劲按压出来的效果为最好。

用复写纸在布的两面作记号的方法

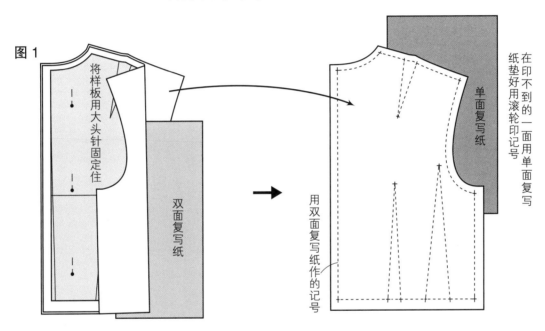

图1 将样板用大头针固定住 双面复写纸 → 用双面复写纸作的记号 单面复写纸 在印不到的一面用单面复写纸垫好用滚轮印记号

在布的两面同时作记号的方法

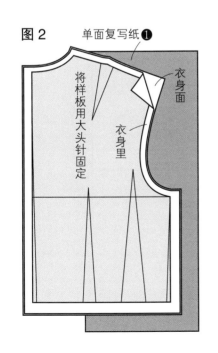 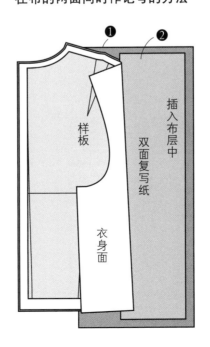 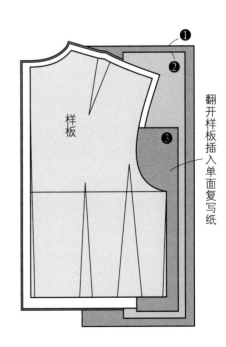

图2 单面复写纸❶ 将样板用大头针固定 衣身面 衣身里

❶ ❷ 样板 插入布层中 双面复写纸 衣身面

❶ ❷ ❸ 样板 翻开样板插入单面复写纸

2）不用假缝、直接在本布上缝的时候
（棉、麻、化学纤维、里布）

不用假缝、直接在本布上缝的时候，用复写纸、画粉等作记号，经过水洗和挥发可消除印记，用起来比较便利。

用复写纸的方法和第135页用白粗布的方法一样。划粉要用醒目的颜色在样板的边缘画，使之清晰易懂。

两片重叠的适合用刮刀的薄面料可采用刮刀作记号，使用画连续线和间断线的方法，在省尖止点、转角的部分画十字记号（图3）。

3）对于难以作刮刀印的面料可以采用线钉印记
（棉、化学纤维、羊毛）

棉华达呢、厚牛仔布、羊毛呢、法兰绒等采用剪切线钉来标记（参照第143页内容）。

样板的边缘先用画粉作记号，然后再取走样板用线缝合后剪切（图4）。

难以作记号印的布可将样板放在面料上一起作线钉记号。

图3

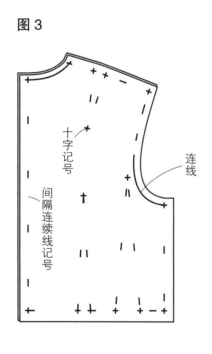

十字记号

连线

间隔连续线记号

图4

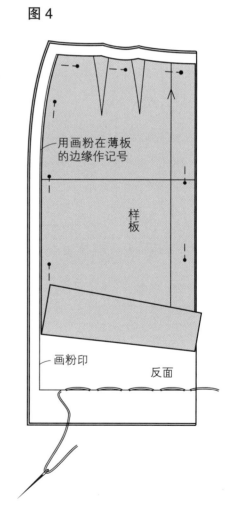

用画粉在薄板的边缘作记号

样板

画粉印

反面

4）厚型羊毛织物

毛呢、粗纱粗织纹的羊毛呢

像起毛面料（粗毛呢、苔状呢）和粗结构的面料（粗花呢、手纺粗呢），有很多的布很难做好两层面料重叠、正确做剪切线钉。

起毛的面料有厚度，正因为正面有毛绒，作线钉记号时容易损伤布面。粗结构面料因为结构松，线钉记号容易脱落，所以最好作缝线记号或粗针迹的车缝。

在面料的反面放上样板，用画粉画印线，然后松开样纸作单片缝印线或者粗线迹（0.5cm左右）车缝。把有针脚的布放在缝边。

对于难以画印线的面料，可以将样板放在面料上缝制，缝线在拐角处不要连缝，要剪断线后另起缝线（图5）。

5）加缝份的样板

缝份宽度、贴边宽度、省量，为防止长距离缝合而缝位移动的对合点以及缩缝对合点、缝制上必须的对位记号，在样板上都要标明。

这个对位记号叫作对合刀眼，把该位置的对位记号用剪刀剪个切口（图6）。此方法叫打刀眼或称作剪口。

图 5

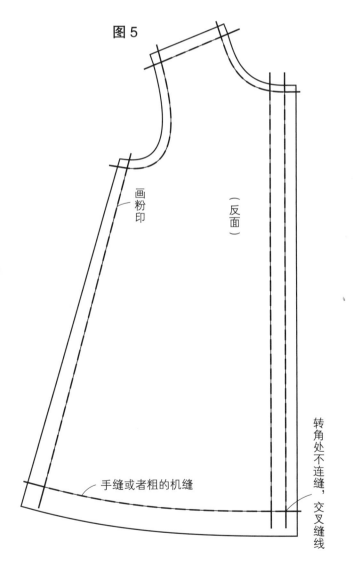

图 6

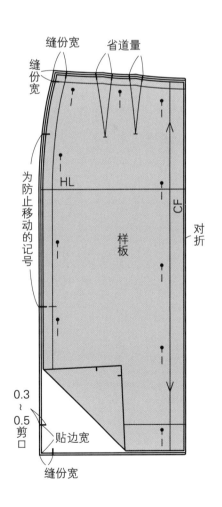

6. 缝线、缝针的选择

要制作漂亮缝迹的成品服装，必须要选用符合面料材质（纤维、组织）的针和线。

如果针、线与面料不能相适应，会出现断线、针迹收缩（吊线而产生皱痕）等情况而损伤面料。

适合面料的线和针要按如下表格内容选择。

			面料	缝纫机线	编号
梭织物	棉·麻	薄料	细布 薄纱	棉线 涤纶线	80 号 90 号
		普通布	灯芯绒 密织平纹 条格平布 棉贡缎 条纹布	棉线 涤纶线	60 号 60 号、90 号
		厚料	牛仔布 棉华达呢 平绒 灯芯绒	棉线 涤纶线	50 号 60 号
	真丝·化纤	薄料	蝉翼纱 乔其纱 塔夫绸 缎纹 双绉	真丝机缝线	100 号
		厚料	缎纹 双绉 山东绸	真丝机缝线	50 号
	羊毛	薄料	纱丽 薄毛织物 波拉织物 薄织物 毛葛	真丝机缝线 涤纶线	50 号 90 号 60 号
		中厚料·厚料	精纺毛织物 华达呢 法兰绒 乔其呢（女衣呢） 花呢 海力蒙呢 苔状呢	真丝机缝线 涤纶线	50 号 50 号 60 号
针织物		薄料	罗纹 平纹 经绒—经平组织	针织用缝纫线	—
		厚料	双面针织物 罗纹空气层组织	针织用缝纫线	—

各种面料与线、针的关系

缲缝线	编号	缝纽扣眼	编号	绗缝线	缝纫机针	手工针
棉线 涤纶线	80号 90号	棉线 涤纶线	80号 90号	涤纶手工线	9号、7号	8号、9号
棉线 涤纶线	60号 60号	棉线 涤纶线	60号 60号	棉绗缝线（本白线）	11号	8号
棉线 涤纶线	50号 60号	棉线 涤纶线	30号 40号 30号	棉绗缝线（本白线）	14号、11号	6号、7号、8号
真丝机缝线	100号 50号	真丝机缝线 真丝手工线	50号 9号	真丝绗缝线	9号、7号	9号
真丝机缝线	50号	针织用缝纫线 真丝手工线 真丝纽眼线	50号 9号 16号	真丝绗缝线	11号、9号	8号、9号
真丝机缝线 涤纶线 真丝手缝线	50号 90号 60号 9号	真丝手工线 真丝纽眼线	9号 16号	棉绗缝线（本白线）	11号、9号	8号
真丝机缝线 涤纶线 真丝手工线	50号 50号 60号 9号	真丝纽眼线	16号	棉绗缝线（本白线）	14号、11号	6号、7号、8号
针织用缝纫线	—	真丝手工线	9号	棉绗缝线（本白线）	11号、9号、7号	8号、9号
针织用缝纫线 真丝手工线	9号	真丝纽眼线	16号	棉绗缝线（本白线）	11号	8号

7. 基础缝合

基础缝合是服装制作的基础和技巧，为完成一套服装，正确地学习各种技巧是很重要的。

缝制技术包括手工缝和缝纫机缝合，但任何一种都是使用手指的技术，所以必须反复练习以便正确掌握技巧。

手 工 缝 合

打结	固定结
为了确保缝的时候线不会掉出，在线的尾端要打结，打结有2种方法。 A 将线绕在针尖上两圈后，抽出针，即形成线结。 B 将线头绕在食指尖，然后用拇指捻线，最后用食指将线拉出打成结。	为了缝合完毕时打结的线不会掉出，将线绕在针尖2~3圈后，抽出针便可。

A 用针绕打结的方法

抽出针

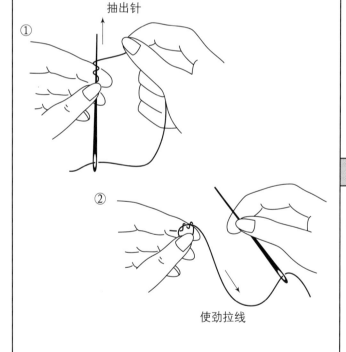

① ②

使劲拉线

B 用手指绕打结的方法

① ② ③ ④

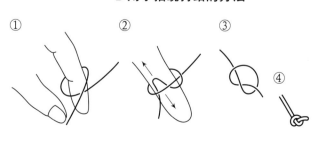

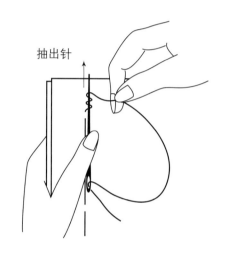

抽出针

顶针的使用方法

手工缝合中，为了能准确运针，要使用顶针。将顶针套在右手中指上，边顶住针尾边运针。

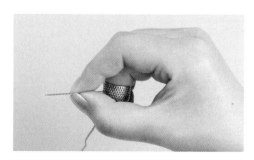

运 针

运针即用针的方法，特别是合缝，这是最基础的缝合方法。用顶针顶住针尾，同时将布逆折回来，使针尖一并穿行，并反复往前行，左手在针尖前方7~8cm处引送布，帮助针直行。正确的运针效果应针迹均匀、笔直。

回针缝

为了使针迹牢固，缝合起头、结尾不松开，在缝的时候一边缝，一边倒一针。运针方法有两种，一种是缝针迹的一半距离就折返回，为半回针，另一种是全部返回针，另外，有衬里的夹克等需折转下摆袖口等部位采用倒回针。

A 全回针缝

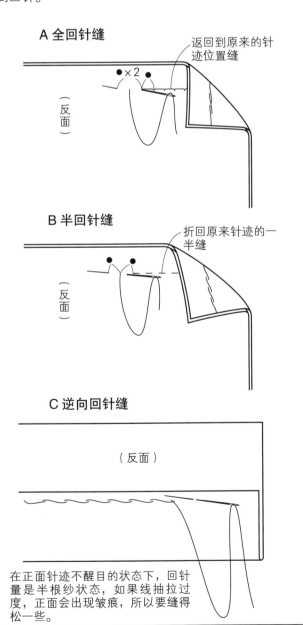

返回到原来的针迹位置缝

（反面）
●×2

B 半回针缝

折回原来针迹的一半缝

（反面）
● ●

C 逆向回针缝

（反面）

在正面针迹不醒目的状态下，回针量是半根纱状态，如果线抽拉过度，正面会出现皱痕，所以要缝得松一些。

合缝

为使两片布料合并而进行缝合，也常用于假缝、车缝前用于固定其形状，两面要针迹相同，这是手缝中最基础的缝法，运针也是。

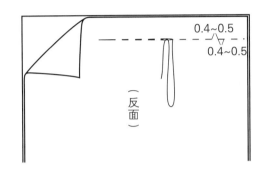

0.4~0.5
0.4~0.5
（反面）

平缝

只运行针尖，缝出极细密的针迹，用于袖山的抽褶。袖山抽褶要平行缝两根，以免抽褶量较小，将这两根线一起拉动调整褶量。

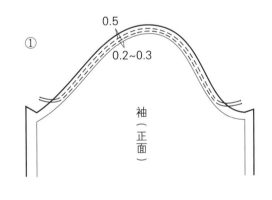

①
0.5
0.2~0.3
袖（正面）

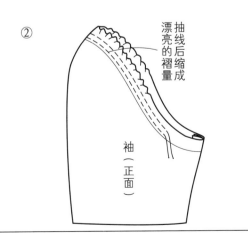

②
抽线后缩量成漂亮的褶
袖（正面）

绗　缝

绗缝是为将缝迹、折迹部分固定起来而采取假缝的手法。一般使用绗缝专用线，绗缝主要用于如下目的：

① 假缝；

② 车缝时防止布移动而采用的固定方法；

③ 下摆折进等为固定贴边使后道工序方便；

④ 把接缝放平。

绗缝的方法中有合并缝，单缝迹压绗缝和单针缝等。

单缝迹压绗缝

用大小针迹缝的方法，一般正面是大针迹，反面是小针迹的方法（参照压绗缝图）。

单针缝

因面料厚较难运针时，一针针向前缝的方法。

压绗缝

假缝时采用的方法，为能使缝份放倒平贴，所以表面用单缝迹压绗缝的方法。

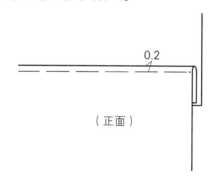

（正面）

预绗缝

常用于布纹线作记号，合缝时使用的方法，首先放平布，用左手压住使之不错位，然后将针呈直角，一针一针地固定，要注意线不要牵吊。

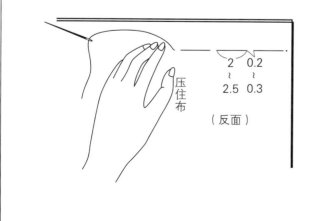

压住布

2 ~ 2.5　　0.2 ~ 0.3

（反面）

斜绗缝

两片以上的布为防止错位移动而固定绗缝的方法。针迹呈斜势。这种方法比直线绗缝更难错位移动，可以以一定针距宽度来固定绗缝。

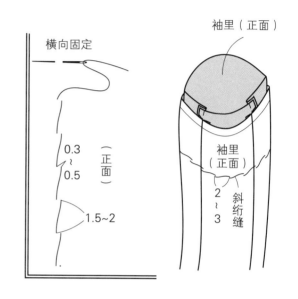

横向固定

袖里（正面）

（正面）

0.3 ~ 0.5

1.5~2

袖里（正面）

2 ~ 3　斜绗缝

卷绗线

常用于驳头与领的翻折线，为使翻折部分稳定伏贴，沿翻折处绗缝。采用斜卷绗缝方法，但要注意线不要过紧。

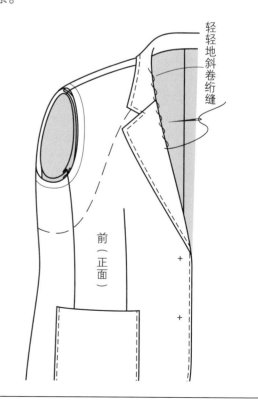

轻轻地斜卷绗缝

前（正面）

作记号

在布上作净缝位置记号的方法，制作方法有两种。

剪线记号

常用于不能用刮刀作记号的羊毛织物、真丝化纤织物等中作对位记号，采用两根本白线进行预绗缝。要注意已作画粉记号的两片布不要错位，以每针0.2~0.3cm的细针迹来固定，线剪断后不要拔掉，最后用熨斗压烫一下。

① 弯弧处要紧密些
从线的中间剪
0.2~0.3
直线处稍长
前（反面）

在转角处连接的方法

② 前（反面）
剪线
将布之间的线剪开

③ 把线头剪断
用熨斗压烫线头

缝记号

缝记号是一种沿每一片的样板的边缘绗缝的方法。用于薄型的布、蕾丝布、有绒毛的布料、厚重面料及两层重叠后作剪线记号有困难的面料，使用的线应光滑度良好，确保不损伤面料。

羊毛织物面料也可在背面作粉印，然后用粗针迹车缝。

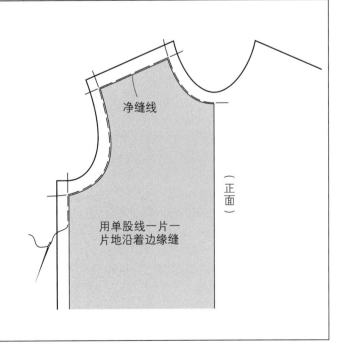

净缝线

（正面）

用单股线一片一片地沿着边缘缝

缝份的处理

使裁片缝份不脱散的处理方法。

裁片缝份的缝合

松结构的面料易脱散，锁边机不能起作用的场合，
用手工缝合裁片边缘可防止其脱散。

A 顺裁片的毛边缘的固定方法
用于不易脱散的面料

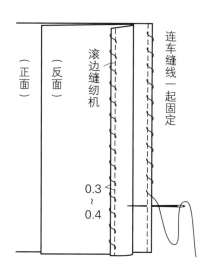

B 滚边车缝后再固定的方法
用于易脱散的面料

C 往返缝合方法
用于特别容易脱散的面料

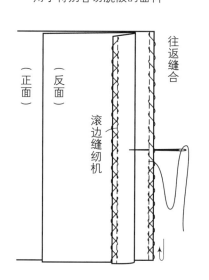

剪花边

用于棉、羊毛等织物，为防止布的表面出现缝份看起来不够柔和的情况。在使用不易脱散的面料时，可用花边剪刀修剪缝份边使其形成斜势，这样就不易脱散了。

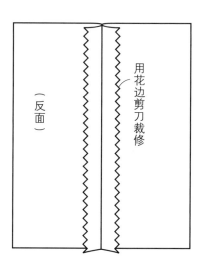

缲缝

下摆、袖口等折边的处理方法，常用于不让表层露出明显针迹的情况。有多种缝纫方法。

普通缲缝	内缲缝

普通缲缝

是将布固定折边的方法，在折边的位置用针将面料的织纱挑 1~2 根来固定，但对于厚面料要固定面料厚度的一半。

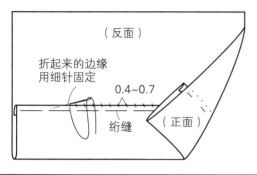

水平状缲缝

A 常用于柔软的真丝面料、里料，还有易滑动的面料固定。将面料和折边用斜势极小的针迹固定，缲缝的线也呈斜缝。

B 先将折边边缘用锁边机拷好，然后将边沿上翻，再绗缝压住固定。然后和 A 一样在折边内呈水平状缲缝。

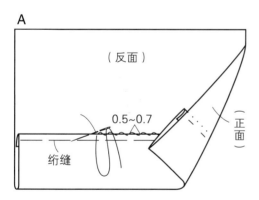

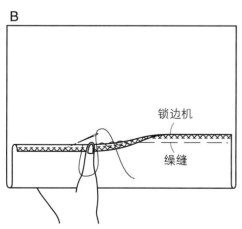

内缲缝

是为了让里料顺应面料的伸展而用的方法。常用于夹克、外套的下摆处处理，先在里料的折痕上边用绗缝固定，然后如图在折痕内侧水平状缲缝，由于拆掉绗缝线后里料的长要有余量，所以应防止牵吊。

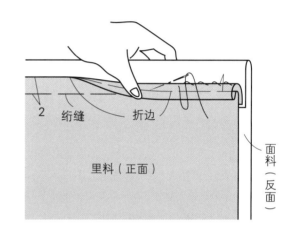

绷缲缝

常用于西装领的上领与驳头的缝合，将两个折边吻合得如车缝状态，而且看不到线的缲缝方法，绷缲缝前，驳头一侧要稍稍往折痕里缲缝。

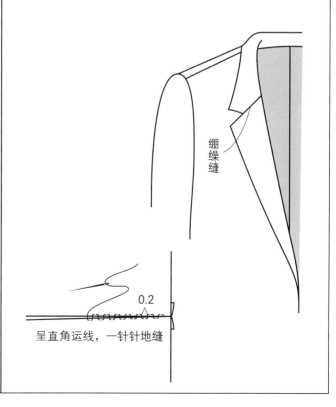

用于折边的固定，使折边柔和成形。

卷捻折边缝

用于薄面料的裁片布边，下摆等的处理。在折叠线的边缘车缝一道，然后将车缝线以外的余量剪掉，再将这条车缝线卷起作为芯，一边卷一边缲缝。卷起的边缘用大头针固定起来再缲缝。

①

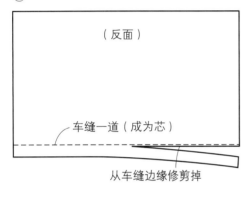

（反面）

车缝一道（成为芯）

从车缝边缘修剪掉

②

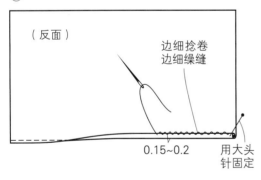

（反面）

边细捻卷
边细缲缝

0.15~0.2

用大头针固定

普通人字形缲缝

使线作斜度交叉，上下交叉，然后从左向右回针缝的固定方法。

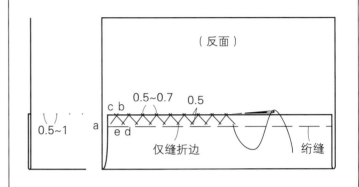

（反面）

0.5~1

0.5~0.7 0.5

c b
a
e d

仅缝折边

绗缝

立型人字形缲缝

比普通人字形缲缝更为坚固的固定方法，其针距狭小，从上下到左右要穿缝过面层。

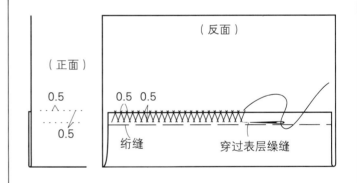

（正面）

（反面）

0.5

0.5

0.5 0.5

绗缝

穿过表层缲缝

八字形缲缝

常用于固定防伸缩带、里衬布。从右向左上下交互固定，上下都不穿透，在正面缲缝。

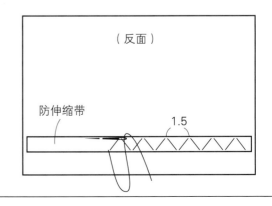

（反面）

防伸缩带

1.5

固定缝

装拉链、贴边等在作反复缝的时候为了车缝能够更牢固可以用星点
缝或者固定缝等，需要更坚实一些时采用套结固定。

固定缝

常用于手工装缝拉链、前端、翻
折部位等，将无修饰缝的缝份放平稳。

C 穿过面、里层的固定方法

为使正面衣身和挂面不错位，
在两面都有星点缝的固定缝。

B 表面固定缝方法

线穿过面布到里层来固定，
用于缝装拉链。

A 从里侧固定缝

用于在表布上不露出缝迹地
放平贴边。

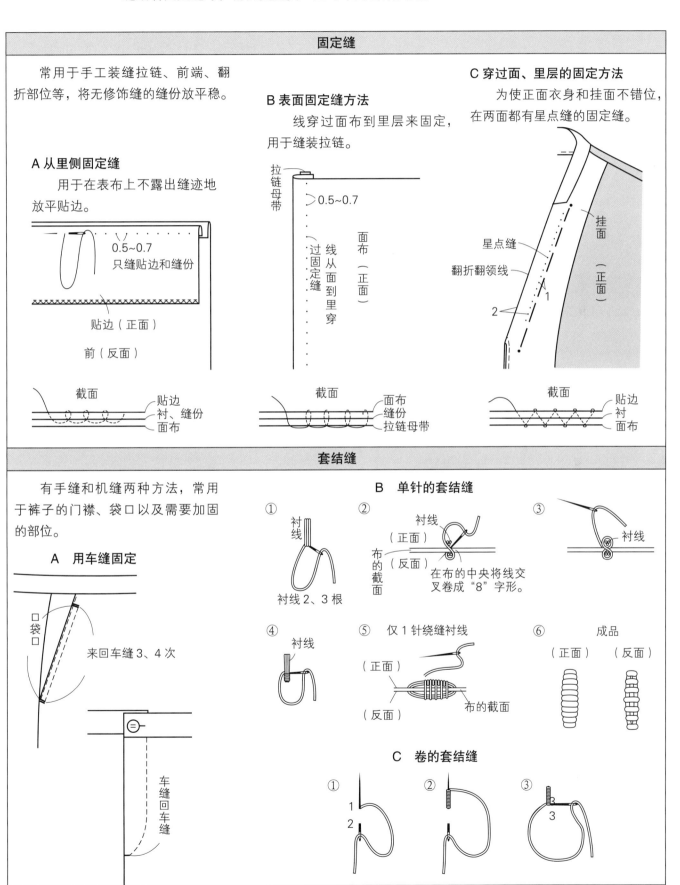

套结缝

有手缝和机缝两种方法，常用
于裤子的门襟、袋口以及需要加固
的部位。

A 用车缝固定

B 单针的套结缝

C 卷的套结缝

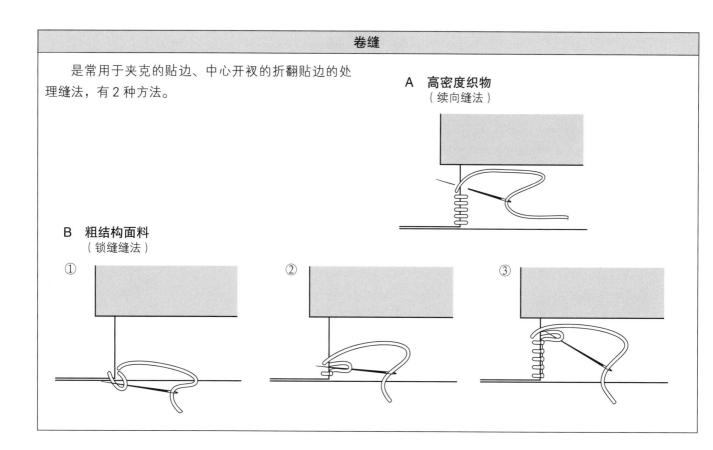

卷缝

是常用于夹克的贴边、中心开衩的折翻贴边的处理缝法，有2种方法。

A 高密度织物
（续向缝法）

B 粗结构面料
（锁缝缝法）

① ② ③

扣眼

有将做纽扣眼的布做切口、用线绕缝的方法（缝扣眼），用同色布料包住切口的方法（嵌线扣眼），也用于腰、育克拼接缝迹。

确定扣眼尺寸的方法

将纽扣的直径加上厚度作为扣眼的大小。由于纽扣的材质有粗糙的、光滑的，所以应先用布开个扣眼调试一下，不要过大，合适为好。

扣眼原则上开在门襟一侧，通常男性服装在左衣片，女性的在右衣片。但也有女性服装做在左衣片上的。

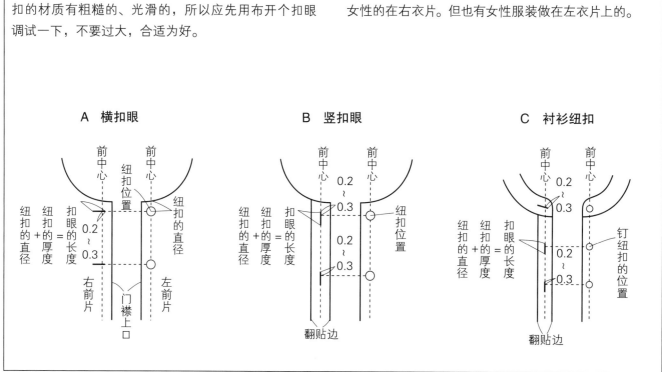

A 横扣眼　　　　B 竖扣眼　　　　C 衬衫纽扣

缝扣眼

缝扣眼，缝迹要整齐，缝线有光泽，并且要注意线纱平整。

缝扣眼的线要根据材质选择合适的线来使用（参照第138、139页的"各种面料与线、针的关系"）。

线的长度应根据线的粗细而异，一般线的长度以扣眼尺寸的30倍为标准。

线打蜡后会变光滑，不易卷捻。

打蜡的方法

将线按需要的长度剪下打蜡，然后把线用纸夹住用熨斗熨一下，使其中的线蘸上蜡，剩余的蜡则被纸吸收，由于线会产生张力，所以要用熨斗压住线后用力地拉扯线。

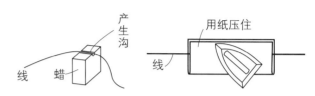

产生沟　线　蜡　用纸压住　线

锁缝单边平头扣眼

这是使用得最普遍的扣眼缝法。

平头扣眼的一端呈放射状缝迹。

缝的针迹、线迹要整齐，线呈斜向拉引。缝止时从最初的缝线中穿过，使扣眼不豁开而定型。根据设计来选用扣眼是纵向还是横向。

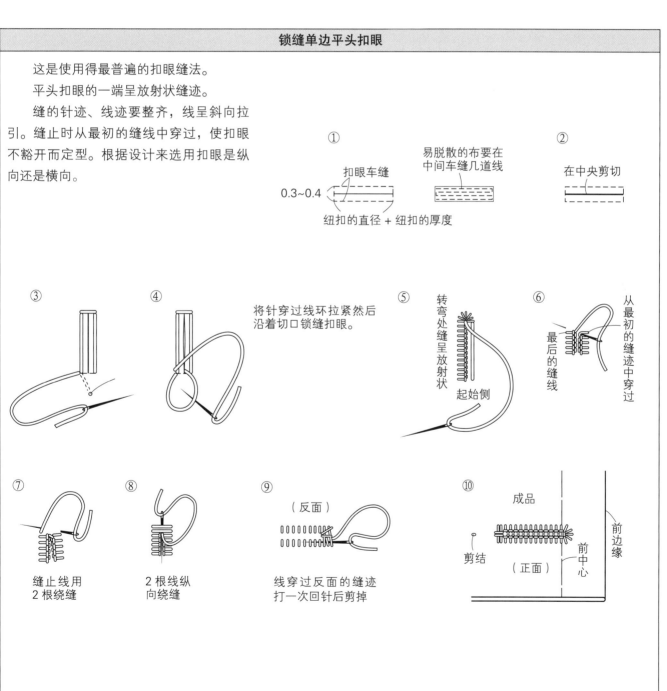

① 扣眼车缝　0.3~0.4　易脱散的布要在中间车缝几道线

纽扣的直径 + 纽扣的厚度

② 在中央剪切

③　④ 将针穿过线环拉紧然后沿着切口锁缝扣眼。

⑤ 转弯处缝呈放射状　起始侧

⑥ 从最初的缝迹中穿过　最后的缝线

⑦ 缝止线用2根绕缝

⑧ 2根线纵向绕缝

⑨（反面） 线穿过反面的缝迹打一次回针后剪掉

⑩ 成品　剪结　（正面）　前中心　前边缘

锁缝双边平头扣眼	锁缝圆头扣眼
双边平头扣眼常用于衬衫，以竖扣眼形式为多。	常用于夹克、外套等厚面料、圆头扣眼孔的大小与纽扣的线脚粗细相当。缝的方法和单边扣眼所述一样，线迹要整齐，绕结明显。

①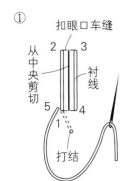
扣眼口车缝
2 3
从中央剪切
衬线
5 4
1
打结

②
参照单边扣眼⑦⑧来缝

③ 仅在第1针前打结

④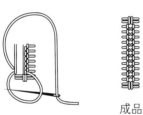

⑤
成品

① 扣眼口车缝
开完圆头扣眼后再剪几刀进去

②
将角边修平

③ 用衬线将圆头眼细缝一圈
3   4
2   5
7
1 6

④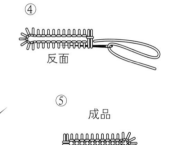
反面

⑤ 成品
圆头处缝迹呈放射状

圆眼锁缝	一字形扣眼锁缝
常用于穿线带的孔眼，孔眼用缝扣眼线沿孔细缝一圈，然后做放射状锁缝。 另外也可以在上面缝金属。	常用在带状及袖口的开口处，孔眼不切开，为装饰用锁缝，有单边平头锁缝和链条状锁缝两种。 这种情况下扣眼不需要切开。

①
0.15~0.2   衬线

②

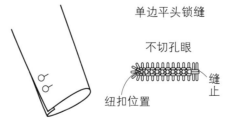

单边平头锁缝
不切孔眼
缝止
纽扣位置

链条状锁缝
纽扣位置
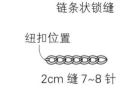
2cm 缝7~8针

钉 扣

　　钉扣的线必须取决于面料及钉扣位置的厚度和纽扣的重量等。特别是金属扣分量重，易割断线，所以必须采用牢固的线和缝合方法。一般线都能用来钉扣，但是也有钉扣专用线。具体参照第 138、139 页的"各种面料与线、针的关系"。

钉扣方法

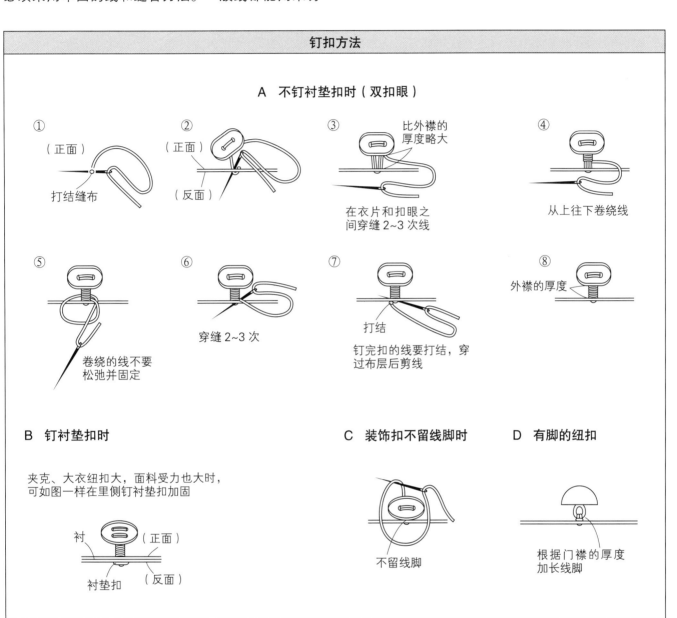

A　不钉衬垫扣时（双扣眼）

① （正面）
打结缝布

② （正面）（反面）

③ 比外襟的厚度略大
在衣片和扣眼之间穿缝 2~3 次线

④ 从上往下卷绕线

⑤ 卷绕的线不要松弛并固定

⑥ 穿缝 2~3 次

⑦ 打结
钉完扣的线要打结，穿过布层后剪线

⑧ 外襟的厚度

B　钉衬垫扣时

夹克、大衣纽扣大，面料受力也大时，可如图一样在里侧钉衬垫扣加固

衬　（正面）
衬垫扣　（反面）

C　装饰扣不留线脚时

不留线脚

D　有脚的纽扣

根据门襟的厚度加长线脚

包扣的制作方法

　　以塑料、金属、棉作芯，然后外层用布包裹的纽扣。可用成套的工具制作，也可以手工制作。

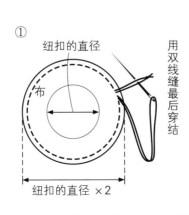

① 纽扣的直径
用双线缝最后穿结
布
纽扣的直径 ×2

② 布（正面）
中间包有纽扣，在布里侧平缝并收拢

③ 同色布（正面）
控制在 0.2 的缲缝
在里侧把同色面料折成圆形贴上，并在四周细密缲缝

钉揿扣

揿扣比纽扣穿脱简便，常用于装饰扣的设计和不能装拉链的软面料、花边面料。

揿扣在上方的位置缝凸形、下方的位置缝凹形。

钉法

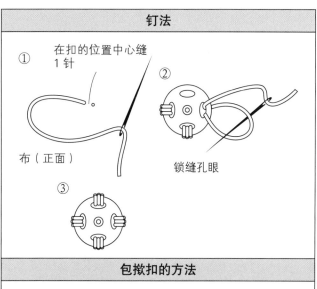

① 在扣的位置中心缝 1 针
布（正面）

② 锁缝孔眼

③

包揿扣的方法

为使揿扣不显眼，可用面料或同色的里布将揿扣凸起一面包裹起来，常用于精致的服装。

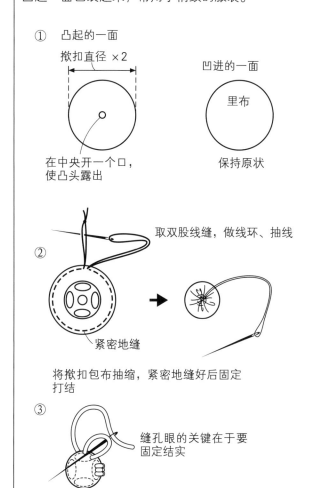

① 凸起的一面
揿扣直径 ×2
在中央开一个口，使凸头露出

凹进的一面
里布
保持原状

② 取双股线缝，做线环、抽线
紧密地缝
将揿扣包布抽缩，紧密地缝好后固定打结

③ 缝孔眼的关键在于要固定结实

钉搭钩

搭钩是像伞形的一种扣子，常用于裙腰、裤腰带，由金属制成，也有由铁丝制成的结实的搭钩。铁丝制品常用于连衣裙上口的拉链开口处以及领口前门襟。颜色有银色、黑色、藏青色等，故选择与面料相符而不醒目为原则。

钉法

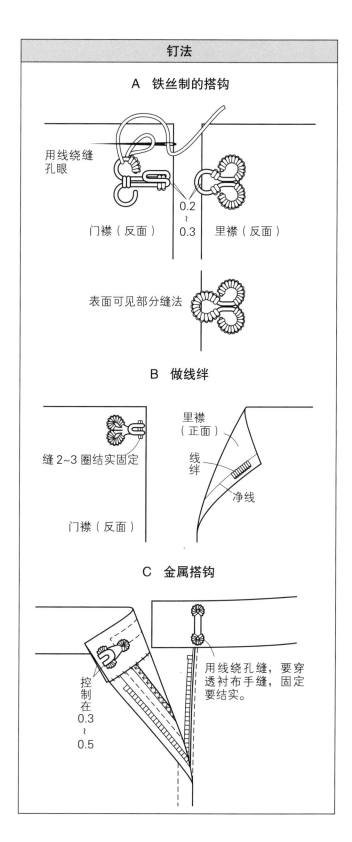

A 铁丝制的搭钩
用线绕缝孔眼
门襟（反面）
里襟（反面）
0.2 ~ 0.3
表面可见部分缝法

B 做线绊
缝 2~3 圈结实固定
门襟（反面）
里襟（正面）
线绊
净线

C 金属搭钩
控制在 0.3 ~ 0.5
用线绕孔缝，要穿透衬布手缝，固定要结实。

袢

袢有用布做的布袢，也有用细的叶片或细绳做成的袢。

线袢

有锁缝和锁编的方法，用于挂扣、穿皮带、固定里料、裙子的下摆把里布固定在面布上使用。按照使用目的和面料质地，使用的线可分成缲缝线和锁扣眼线。

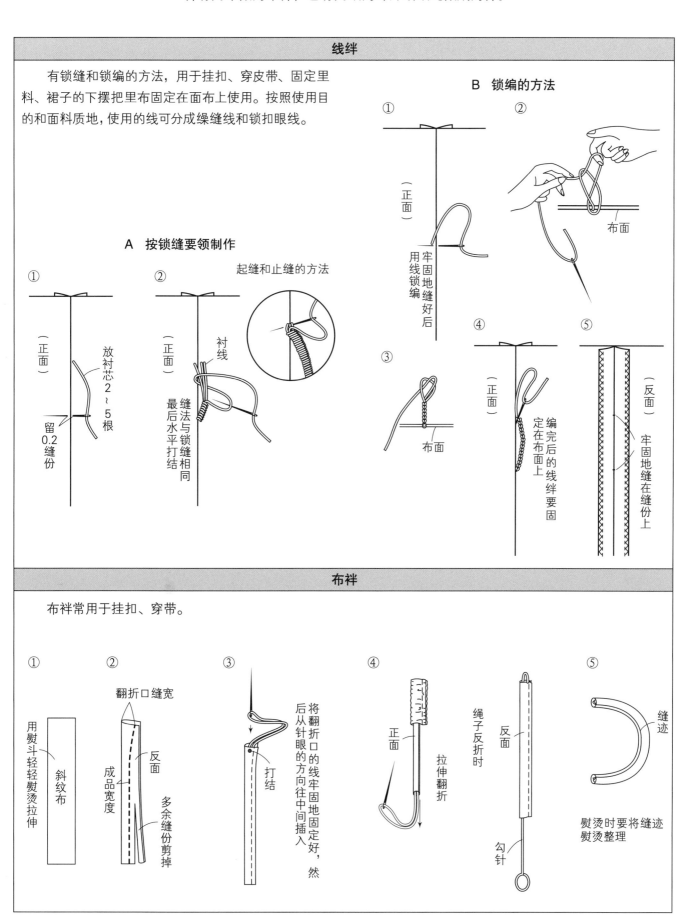

A 按锁缝要领制作

① （正面） 留0.2缝份 放衬芯2～5根

② （正面） 衬线 缝法与锁缝相同 最后水平打结

起缝和止缝的方法

B 锁编的方法

① （正面） 用线锁编 牢固地缝好后

②

布面

③

布面

④ （正面） 编完后的线袢要固定在布面上

⑤ （反面） 牢固地缝在缝份上

布袢

布袢常用于挂扣、穿带。

① 用熨斗轻轻熨烫拉伸 斜纹布

② 翻折口缝宽 反面 成品宽度 多余缝份剪掉

③ 将翻折口的线牢固地固定好，然后从针眼的方向往中间插入 打结

④ 正面 反面 绳子反折时 拉伸翻折 勾针

⑤ 缝迹 熨烫时要将缝迹熨烫整理

缝 纫 机 缝 合

缝纫机缝合最重要的是要选择与面料相配的缝线与机针及上底线。针迹过紧会引起缝迹牵拉起皱，针迹过松缝迹会松开，缝份分开的话针迹会外露，所以应先将两层布试缝，待调整好针迹，上底线协调后再进行基础缝制。

线迹的说明	直线缝合
正确的线况 上线和底线在 2 层布厚度的中央会合。 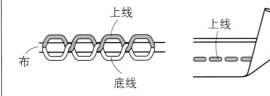 **上线过紧** 将绕线架上的线调松即可。 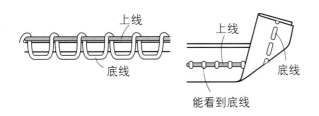 **上线过松** 将绕线架上的线调紧即可。 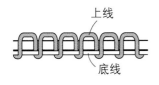 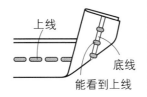	按画粉印笔直缝合 首先将两层不错位合并，并且绗缝或用大头针固定，为使两头针迹不脱散，应都做 2~3 针回缝（图 1）。 为使缝线不弯曲，可使用专业的缉线定规尺（图 2）。为进一步防止起吊，也可用砂纸代替定规尺（图 3）。 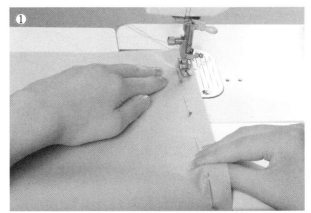 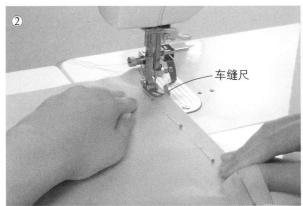 车缝尺 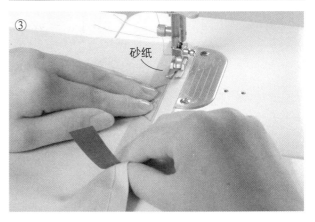 砂纸

缝角	曲线缝合
在领、口袋、克夫、门襟等处会产生缝角。角度有锐角和钝角之分。为正确地缝角，在角的部位用机针扎入，然后抬起压脚转换方向再缝。领尖呈锐角时，可在角处横向走 1 针，以缓解角度，便于翻折服贴，领形也服贴漂亮。	缝领围、袖围等弧线。 　　弧度大的部位由于布纹有纵向和斜向之分，所以一边缝一边转动布，还要注意车缝的速度。

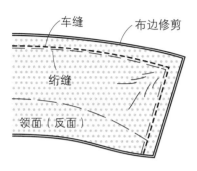

领头尖呈锐角时要横向走 1 针

	装饰车缝

①

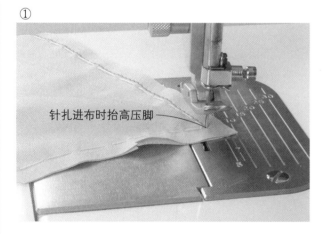

针扎进布时抬高压脚

②

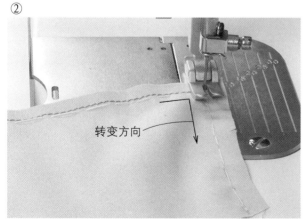

转变方向

　　为了设计效果，常常在领、口袋上加装饰线，由于是几层布重叠，加装饰线时容易出现缝线过松或过紧的情况，所以一般用尺（或者用砂纸片）压住再缝。

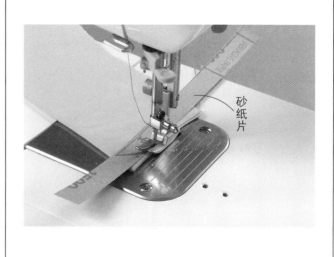

砂纸片

缝份的处理

缝布边	边缘缝

缝布边

A 锁缝的方法

用专业的锁边缝纫机填缝缝份的边沿，缝份整理后再车缝。

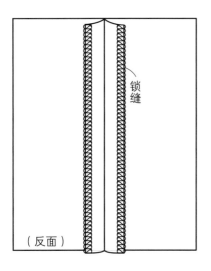

B 锯齿缝的方法

除了直线缝，也可以使用锯齿缝，剪切到针迹边缘。

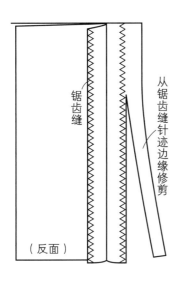

边缘缝

这是处理棉、麻、化纤等不易脱散的面料的缝份方法。先确定好缝份宽度，再将布边用熨斗折烫，从缝份的正面顶端开始车缝。

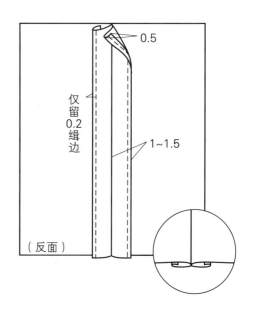

剪切缝

不折布边的压缝线，常用于防止布边松散。

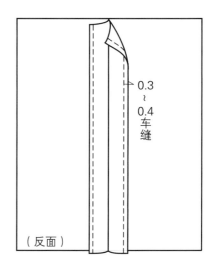

分压缝

主要用于棉质等强洗涤衣物，需加固缝制的衣服。

缝份分开后，要将缝份边折进用绗缝或上浆绗缝或者双面粘衬并车缝。

由于正面露出缝迹，所以有装饰的效果。

①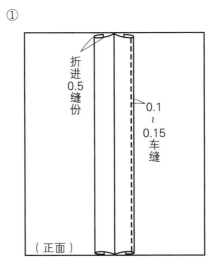

②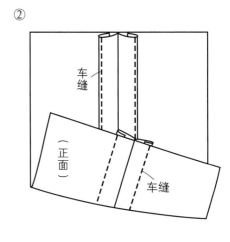

折包缝

常用于处理薄质易松散的布边。

首先将需车缝一侧的缝份，折转包住另一侧缝份，并在折痕处绗缝。

①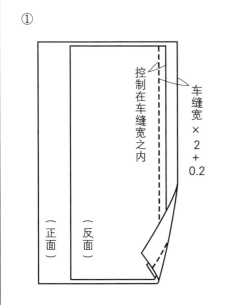

②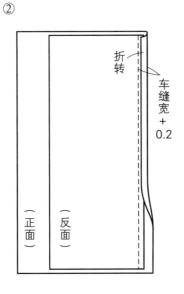

③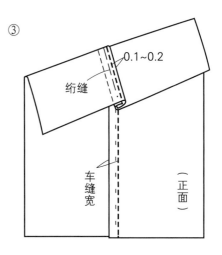

将布正面叠合，在净缝线位置处缝合

将车缝线侧的缝份折转包住另一侧的缝份做单向包缝

在单向包缝上贴双面胶，折转后用熨斗烫一下然后车缝

倒缝

A 厚型面料

在车装饰线时，装饰线要比缝份稍宽些，紧靠缝份，然后把缝份倒向一侧熨烫。接着把缝份绗缝或者贴双面黏合衬，最后车装饰线。

B 薄型面料

两片面料的缝份放一起拷边，然后向装饰一侧倒，最后从正面车缝。

A 厚布的场合（牛仔布等）

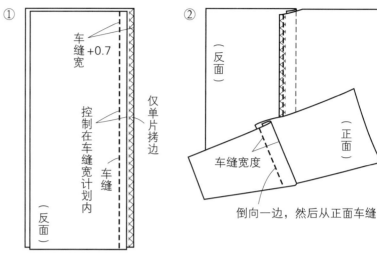

B 薄布的场合（棉、麻等）

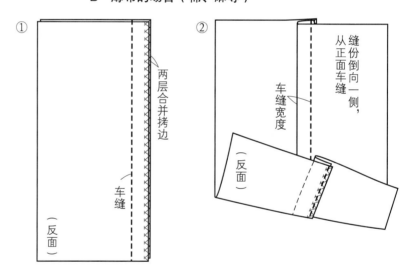

来去缝

因面料薄透容易脱散，需加固处理，可采用将毛边包进缝合的办法。

在外层的净缝线位置外侧仅以包缝宽度车缝，将包进去的毛边修窄、修顺，然后再将布翻过来车缝。

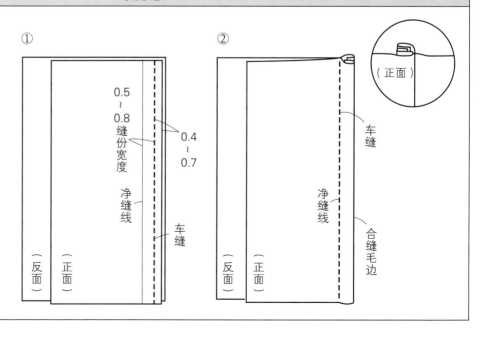

折边的处理

下摆、袖口的贴边部分，根据用料的质地、性能选择合适的处理方法。

三层折叠缝	三层折毛边缝
是指将布三层折叠的方法，棉、麻、化纤等的不透明面料可用 A 方法，透薄面料可采用 B 方法，折边的部位要折 3 层，达到不透效果时再车缝。	用于柔软轻薄的面料，适用于下摆有绒毛织物、饰边的毛边处理。 将布边折进，然后车缝，并将多余折边从车缝边缘剪掉，然后再折一层后车缝。

A 不透明的面料

①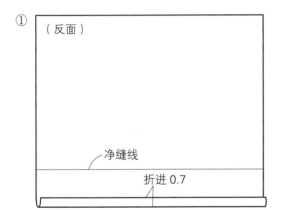

（反面）

净缝线

折进 0.7

②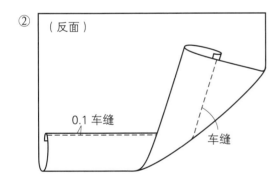

（反面）

0.1 车缝

车缝

B 透明的面料

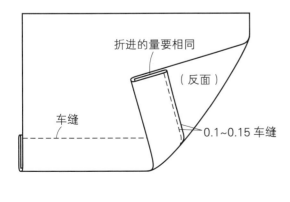

折进的量要相同

（反面）

车缝

0.1~0.15 车缝

①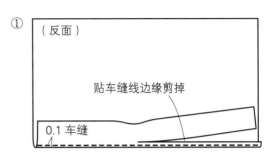

（反面）

贴车缝线边缘剪掉

0.1 车缝

②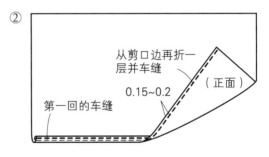

从剪口边再折一层并车缝

0.15~0.2

（正面）

第一回的车缝

人字形折边缲缝

常用于柔软的、透薄面料的缝份作装饰性缝合以及有伸缩性面料的折边处理。将布边折进，从贴边中间缲缝，然后将缝迹边缘的部分贴边裁剪掉。

①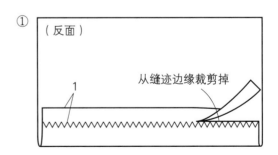

（反面）

1

从缝迹边缘裁剪掉

②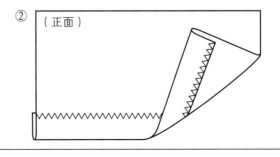

（正面）

装贴边的处理

常用于希望折进的贴边薄一些以及有弧度的下摆等情况。

A 使用带装贴边时（缎带）

①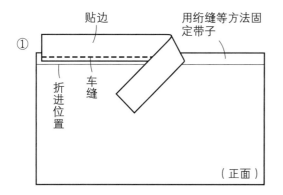

贴边

用纩缝等方法固定带子

折进位置

车缝

（正面）

②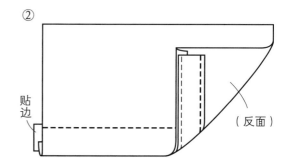

贴边

（反面）

B 使用斜纹贴边时

ⓐ 暗缝的方法

①

斜纹贴边

斜纹贴边（反面）

（正面）

将斜纹贴边的单侧折缝打开烫平后缝合

②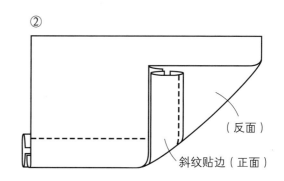

（反面）

斜纹贴边（正面）

ⓑ 放上贴边的方法

①

斜纹贴边（正面）

（正面）

②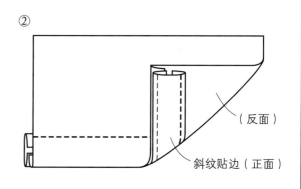

（反面）

斜纹贴边（正面）

嵌线扣眼

用于扣眼嵌线的布应采用相同面料或者配色协调的布，其缝法是双嵌线。

嵌线扣眼有平型和三角型两种。

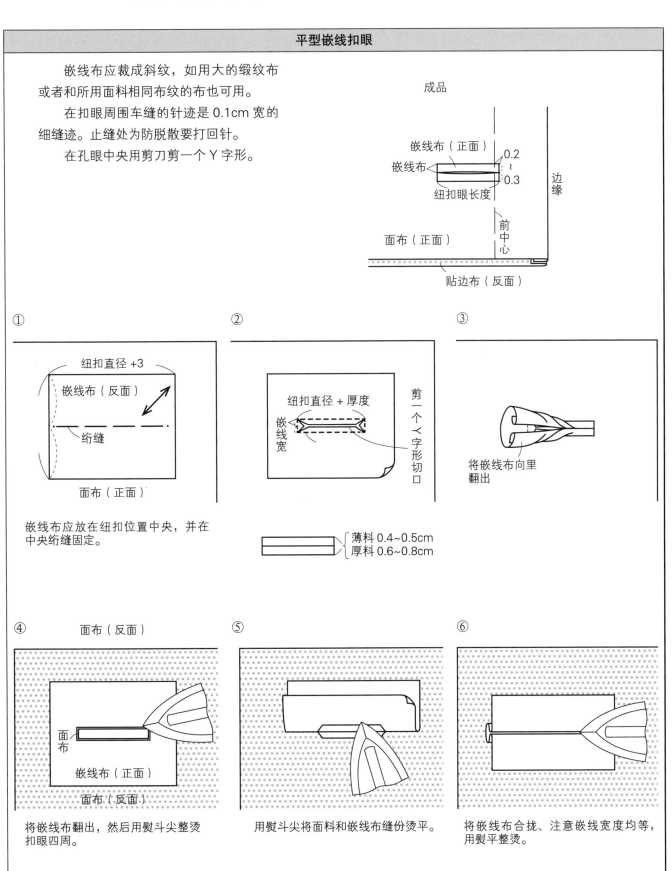

平型嵌线扣眼

嵌线布应裁成斜纹，如用大的缎纹布或者和所用面料相同布纹的布也可用。

在扣眼周围车缝的针迹是 0.1cm 宽的细缝迹。止缝处为防脱散要打回针。

在孔眼中央用剪刀剪一个 Y 字形。

成品

嵌线布（正面）
嵌线布（正面）
0.2 ~ 0.3
纽扣眼长度
边缘

面布（正面）
前中心

贴边布（反面）

① 纽扣直径 +3
嵌线布（反面）
纫缝
面布（正面）

嵌线布应放在纽扣位置中央，并在中央纫缝固定。

② 纽扣直径 + 厚度
嵌线宽
剪一个Y字形切口

薄料 0.4~0.5cm
厚料 0.6~0.8cm

③ 将嵌线布向里翻出

④ 面布（反面）
面布
嵌线布（正面）
面布（反面）

将嵌线布翻出，然后用熨斗尖整烫扣眼四周。

⑤ 用熨斗尖将面料和嵌线布缝份烫平。

⑥ 将嵌线布合拢、注意嵌线宽度均等，用熨平整烫。

⑦

从正面看图

从反面看图

固定绗缝

嵌线布（正面）

固定绗缝

为了不歪斜嵌线布宽度，在车缝处缝上固定绗缝。如图⑤那样把缝份分开，然后用熨斗烫平。

⑧

嵌线布（反面）

在缝迹上再加固定缝道

面布（反面）

卷起表布在开孔线上再车缝一道线，如果车缝难以做到，可采用手工缝固定。

⑨

嵌线布（反面）

缝三遍以固定

在三角布片上加

将面料卷起，在三角布和嵌线布处加缝3遍。

⑩

修剪到0.7~1

三角布加固缝

角修剪掉

面布（反面）

⑪

嵌线布（正面）

大头针

贴边布（反面）

面料与贴边不能错位地合并，要用大头针垂直刺入，在贴边布上作好扣眼位置记号。

⑫

嵌线布（正面）

折进部分

贴边布（正面）

面布（反面）

在贴边处如图②那样开Y形切口，按成品宽度折向内侧。

⑬

嵌线布（正面）

细缲线

在嵌线孔周围缝密集的细缲线。

⑭

面布（正面）

前中心

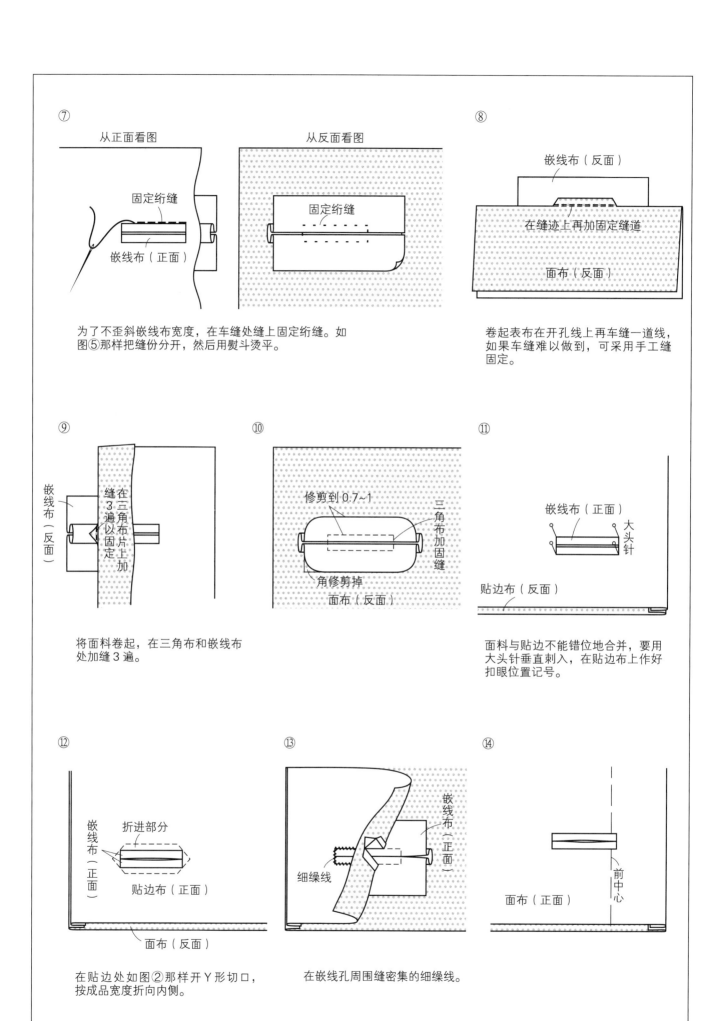

三角型嵌线扣眼

　　为使纽扣的线脚不挫伤嵌线布，所以在线脚处的嵌线部分做成三角状。

　　制作方法和平型嵌线扣眼一样，仅嵌线布的折法不同。

成品

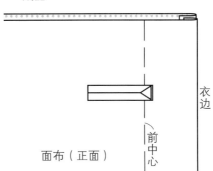

衣边

前中心

面布（正面）

①

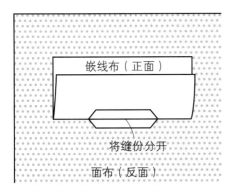

嵌线布（正面）

将缝份分开

面布（反面）

将嵌线布拉到背面，并将缝份用熨斗尖部烫开。

②

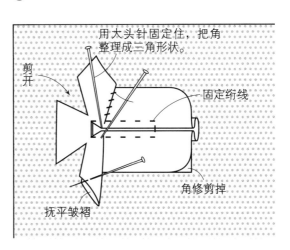

用大头针固定住，把角整理成三角形状。

剪开

固定绗线

角修剪掉

抚平皱褶

③

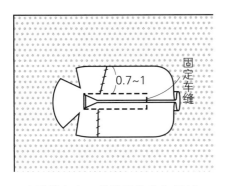

固定车缝

0.7~1

在嵌线布上压缝缉线作为加固线。一方的端头用固定车缝来固定住。嵌线布的布边修剪成圆形。

④

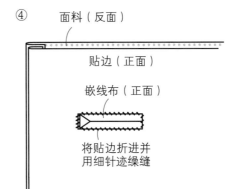

面料（反面）

贴边（正面）

嵌线布（正面）

将贴边折进并用细针迹缲缝

斜滚条

为使缝边不脱散而采用斜滚条细包缝的方法，常用于羊毛衣物的下摆处，也可以用于单层夹克等的缝份处理。

另外也可以增加宽度使用在装饰领、口袋四周、领围以及袖围等处。

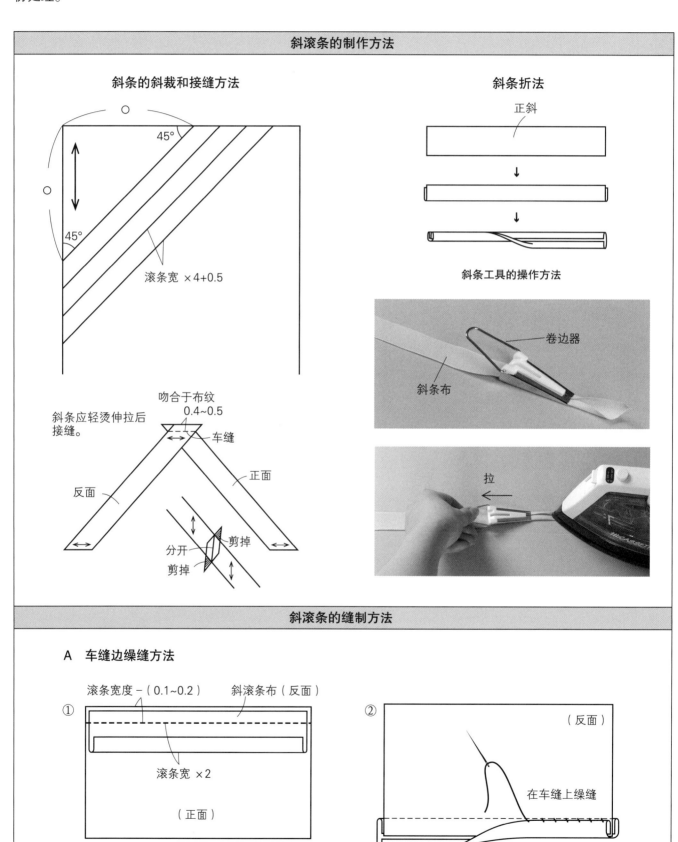

斜滚条的制作方法

斜条的斜裁和接缝方法

45°
45°
滚条宽 ×4+0.5

斜条应轻烫伸拉后接缝。

吻合于布纹 0.4~0.5
车缝
正面
反面
分开
剪掉
剪掉

斜条折法

正斜

斜条工具的操作方法

卷边器
斜条布

拉

斜滚条的缝制方法

A 车缝边缲缝方法

滚条宽度 −（0.1~0.2）   斜滚条布（反面）
①
滚条宽 ×2
（正面）

② （反面）
在车缝上缲缝

B　正面旁边不回车的车缝方法

① 斜滚条布（反面）

（正面）

斜滚条宽 × 2 + 0.2

斜滚条宽

0.1～0.2

② （正面）

不回车的车缝

C　滚条边缘车缝方法

斜滚条（反面）

① （反面）

斜滚条宽 × 2

斜滚条宽

0.1～0.2

② （正面）

0.1 车缝

D　不折边加锁缝的方法

① （正面）

斜滚条（反面）

斜滚条

0.1～0.2

2片一起拷边

② （正面）

（反面）

E　弧线装缝方法

将斜滚条布按弧线部位拉伸对好以后再缝合。

① 用左手拉

归拢

熨斗稍稍浮起

斜条布（反面）

按弧线拉伸对好

② 斜滚条布宽 -（0.1~0.2）

（反面）

③ 车缝

（正面）

凸弧线

① 斜滚条宽 -（0.1~0.2）

将滚条按弧线拉伸对好再缝

（反面）

② 车缝

（正面）

蕾丝花边

棉质花边装缝方法

A 直线装缝

ⓐ 将缝份用锁缝处理

①

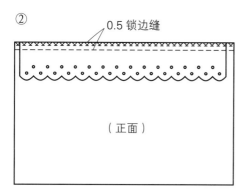

0.7~1

花边（反面）

车缝

（正面）

②

0.5 锁边缝

（正面）

③

花边（正面）

0.2~0.3 车缝

（正面）

ⓑ 用贴边缝的方法

①

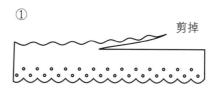

剪掉

②

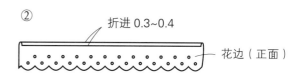

折进 0.3~0.4

花边（正面）

③

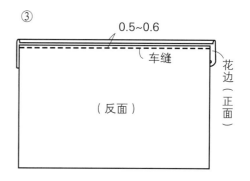

0.5~0.6

车缝

花边（正面）

（反面）

④

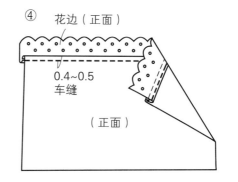

花边（正面）

0.4~0.5
车缝

（正面）

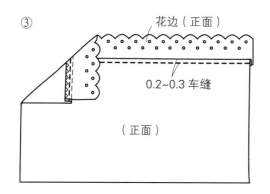

棉质花边装缝方法

B 在曲线上装缝

由于花边比装花边的部位尺寸要长，所以必须要缩缝，用抽褶、
打褶等方式缝入。也可使用已经抽好褶的花边。

0.3~0.4 抽褶缝

拉线

ⓐ 将缝份用锁缝处理

① 在抽褶缝中再绗缝一道

花边（反面）

（正面）

② 0.5~0.7 车缝　锁边缝

（正面）

③

（正面）

0.2~0.3 车缝

花边（正面）

ⓑ 用斜条处理缝份

① 拉伸斜条　0.8~1　0.5~0.7 车缝

折进 0.3~0.4

花边（反面）

（正面）

②

（反面）

0.1 车缝　0.8~1

纱线花边装缝方法

纱线花边难以区分正面和反面，所以以立体花纹
明显的一面为正面。

A　直线装缝

①

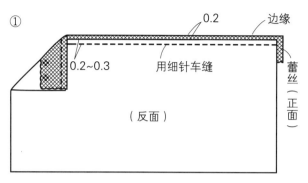

做绗缝或包绗缝后再车缝。

②

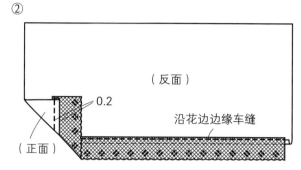

为了布上没有褶皱，先用熨斗烫一下，再沿花边的
边缘车缝。从正面看车缝针迹要漂亮。

B　在曲线上装缝

①

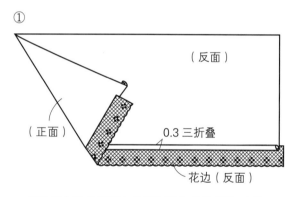

放大图

缝纱线花边的重要之处是要粘上薄的黏层，（使用
尖头的工具）在3折叠的表面用熨斗粘好。

②

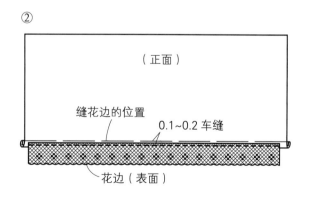

车缝方法

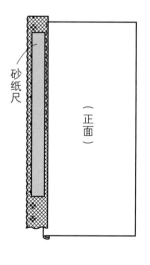

为防花边错位可用砂纸尺压住，然后从花边的边缘车缝。

168